KB000666

개념 잡는
비주얼
천문학책

개념 잡는
비주얼
천문학책

코페르니쿠스에서 웜홀까지
우리가 알아야 할 최소한의 천문학 지식 50

프랑수아 프레신 외 지음 | 전영택 옮김

궁리
KungRee

서문

마틴 리스(케임브리지대학 우주론 및 천체물리학 명예교수)

밤하늘은 전 세계 어디서나 볼 수 있는 가장 대표적인 인류의 공유물이자 경이의 대상이었다. 수천 년 전 바빌론 시대부터 각 문명권의 사람들은 예나 지금이나 똑같은 밤하늘을 올려다보며, 천체가 움직이는 패턴을 기록하고 제각기 독특한 해석과 연구를 계속해왔다. 정확한 달력과 항해에 대한 욕구는 시간의 측정과 광학, 수학의 발전을 촉발시켰으며, 이러한 기술 발달과 천문학은 서로의 발전을 촉진하는 상호보완적 구조를 이루어왔다. 현대의 천문학자들은 거대 망원경과 우주탐사선, 고성능 컴퓨터 덕분에 우주의 내부를 깊숙이 들여다볼 수 있게 되었고, 예전에는 꿈도 꾸지 못한 놀라운 우주의 장관들을 발견하고 있다.

필자를 비롯한 이론가들은 이러한 우주적 현상들을 설명할 수 있는 이론적 근거를 제시하기 위해 노력하고 있으며, 그동안 많은 성과가 있었다. 이제 우리는 거의 140억 년 전인 우주의 불가사의한 시작 시점까지 거슬러 추적해갈 수 있다. 이때는 모든 물질들이 극도로 압축되어 있어서 온도와 밀도가 실험실에서는 도저히 재현해낼 수 없는 엄청나게 높은 상태에 있었다는 사실도 알게 되었고, 최초의 원자와 별과 은하가 어떻게 생겨났는지도 개략적으로 이해하고 있다. 태양은 우리 은하에 있는 수십억 개의 별들 중에서 가장 흔한 보통의 별이고, 우리 은하는 거대한 망원경을 통해 볼 수 있는 수십억 개의 은하들 중 하나에 지나지 않는다는 사실도 알고 있다. 더구나 일부 이론가들은 우리의 우주에 대해서도 또 다른 '코페르니쿠스적 강등'이 다시 일어날 수도 있다고 생각한다. 즉 물리적 실제 세계는 현재 우리가

가장 밝은 이웃의 천체

금성은 아주 잘 보인다. 금성의
대기를 둘러싸고 있는 유황빛의
구름이 태양빛을 쉽게 반사하기
때문이다. 금성은 생명에 치명적인
고온의 대기를 가지고 있어서
인간이 직접 그 표면을 탐험할 수는
없지만, 지구에서 가장 가까운
행성이기에 무인 우주탐사선을
보내기에는 어려움이 없다.

관측할 수 있는 영역보다 훨씬 더
광대할 가능성이 크며, '우리의' 빅
뱅도 수많은 빅뱅 중 하나에 불과
할 수 있다.

최근의 기술적 진보 덕택으로
우주의 지평선이 확장되었을 뿐
만 아니라 우주의 상세한 모습도
들여다볼 수 있게 되었다. 태양계 내의
행성(또는 위성)들에 보낸 우주탐사선은 변화
무쌍하고 독특한 여러 세계의 영상들을 지구로 전송해왔다. 또한 별
의 운동이나 별빛에서 나타나는 미세한 변화를 감지하여 분석함으로
써, 다른 별들도 대부분 태양처럼 그 주위를 공전하는 행성들을 거느
리고 있다는 사실을 알게 되었다. 앞으로도 우리의 눈길을 끄는 새로
운 관측 자료들이 계속 넘쳐나게 될 것이며, 그중에는 다른 별 주변에
서 포착된 생명체의 증거가 포함되어 있을 수도 있다.

이제 천문학은 그 어느 때보다도 많은 사람들의 관심을 끌고 있으며, '시민 과학자들'의 활동도 새로이 나타나고 있다. 이들은 세계 최고의 망원경이 제공하는 수많은 관측 자료에 접근하여 다운로드를 받은 자료들을 통해 새로운 은하나 행성들을 발견할 수 있다. 그리고 50년 전만 해도 학자들이 큰 망원경을 사용해야 관측할 수 있었던 것들을 이제 아마추어 천문가들이 최신의 작은 망원경으로도 관측할 수 있게 되었다. 그래서 천문학적 발견의 즐거움은 더 이상 학자들만의 전유물이 아니며, 일상적인 현대 문화활동의 일부분이 되었다.

현대과학의 기술적인 세부 내용들은 대부분 난해하다. 하지만 필자는 어떠한 발견도 그 본질을 이해하기 쉬운 언어로 전달할 수 있다고 믿는다. 어떤 개념이 30초 내에 설명되도록 압축하는 것은 더욱 힘든 일이지만, 여러분은 이 책에서 그 일이 성공적으로 이루어졌음을 알게 될 것이다.

우주를 지배하는 물리적 법칙들은 지구(또는 외계)의 생명체가 자신이 몸담고 있는 우주의 경이로움과 미스터리에 대해 생각할 수 있는 능력을 가진 채로 진화할 수 있도록 허용한다. 그래서 이 책은 신비로운 '천체들의 동물원'에 마음을 빼앗긴 독자들 사이에서 광범위하게 읽힐 만한 가치를 지니고 있다고 생각한다.

들어가기

프랑수아 프레신(하버드스미소니언 천체물리센터 연구원)

우주에 대해 밝혀진 사실들은 대부분 지구가 보잘것없는 존재라는 생각이 들게 만든다. 우주에 비하면 지구는 바다 속의 물 한 방울 또는 사막의 모래 한 알에 지나지 않는다. 천문학자들은 모든 연구 분야에서 거의 예외없이 마주치는 천체물리학적 구조물의 거대함과 그 다양성에 놀라움을 감추지 못한다.

그러나 천문학적 발견들은 또한 우리가 우주와 얼마나 강하게 연결되어 있는지를 말해준다. 사실 태양계를 구성하고 있는 천체들은 지구 생명체의 출현과 진화에 막대한 영향을 미치는 상호작용의 관계에 있다. 예를 들어 혜성들은 어마어마한 양의 물을 지구에 공급하여 바다를 만들었다. 달은 지구의 자전속도를 늦추고 조수와 계절의 변화에 영향을 미친다. 목성은 지구를 향해 돌진하는 소행성들을 흩어지게 만들어서 지구에 가해질 엄청난 충격을 막아주었다. 우리가 숨 쉬는 공기, 핏속의 철분, 살 속의 탄소…… 이 모든 것들은 수십억 년 전에 일생을 마감한 별 내부의 중심핵으로부터 왔다.

인간에게 우주는 이처럼 하찮음과 귀중함의 기이한 이중성을 지니고 있다. 광대한 우주공간과 시간의 흐름에 비춰보면 인간이라는 생명체는 거의 무(無)에 가까운 하찮은 존재이다. 하지만 인간은 그 어디에서도, 그 어느 때에도 동일한 종을 찾아볼 수 없는 값진 존재이기도 하다. 인간이 스스로의 본질을 찾아가는 내면적 성찰의 과정을 정신이라고 정의한다면, 천문학은 분명 정신적인 경험이라 할 수 있다.

이 책에서 다루는 주제들은 상상을 초월하는 광대함과 다양성을

거대 행성들
천왕성과 명왕성은
아주 큰
행성들이지만,
망원경이 발명된
이후에야
발견되었다.

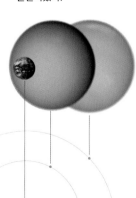

극적인 죽음

거대한 별들은
서서히 연소하는
작은 왜성들보다
훨씬 밝은 반면에
수명이 짧다.
별은 거대할수록
수명이 짧고,
초신성 폭발로
일생을 마감하며
중성자별이나
블랙홀이 된다.

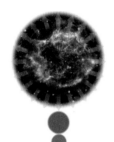

여러분에게 보여줄 것이다. 유니콘이나 심령력, 날으는 도시와 같은 것들은 차라리 상상하기가 쉽다. 공간과 시간을 뒤틀리게 만드는 거대한 물체와 암흑에너지를 상상할 수 있겠는가? 손가락 하나를 펴서 하늘을 향해 들어올리면 그 폭 안에 수백만 개의 은하가 들어 있고, 각 은하에는 태양과 같은 별이 수십억 개 들어 있다는 사실, 그리고 여러분은 허공을 날으는 공 모양의 흙덩어리 위에 서 있다는 사실은 어떤가? 그 어느 것도 상상하기가 쉽지 않겠지만 모두가 현실 세계에서 일어나고 있는 일들이다. 과학자들은 감정과는 거리가 먼 논리적인 사람들이라 할 수 있다. 그들은 세계의 아름다움을 단순히 감상하기보다는 그 이면을 파헤치기를 좋아하고, 불가사의한 현상을 신성하게 생각하며 숭배하기보다는 그 신비의 베일을 벗겨내려고 한다. 그렇지만, 필자는 자연 세계를 논리적으로 이해한다고 해서 경이로움을 느끼는 감정적 능력이 감퇴된다고는 생각하지 않는다.

이 책은 50개의 위대한 천문학적 발견들을 소개한다. 각각의 내용은 천문학의 여러 연구 분야에서 인정받고 있는 전문가들이 지금까지 알려져 있는 천체물리학적 지식들을 간결하고도 이해하기 쉽게 요약했다.

그리고 지구로부터의 거리와 발견된 시점을 기준으로 이들을 대략 7개의 주제로 분류했다. 첫 번째 주제는 '행성'으로서 지구의 이웃인 행성들을 다룬다. 두 번째는 '태양계'로서 혜성, 소행성과 같은 행성 이외의 태양계 내 천체들에 대해 설명한다. 이 작은 공간에서는 모든 물체들이 태양을 중심으로 공전한다. 세 번째 주제는 '별'이다. 특히 여기서는 초신성 폭발, 펄서나 블랙홀로 끝나는 별들의 극적인 죽음을 다룬다. 네 번째 주제인 '은하수'에서는 밤하늘에 나타나는 천체와 수백만 개의 별이 어떻게 은하를 이루게 되는지를 설명한다. 다섯 번째 주제인 '우주'에서는 시간의 흐름이 시작되는 우주 대폭발에 대해 현재 우리가 알고 있는 지식을 모두 모았다. 여섯 번째 '공간과 시간'이란 주제는 천체들에게 적용되는 운동법칙과, 별이나 은하로부터 받은 빛의 분석을 통해 얻을 수 있는 많은 지식들을 설명한다. 마지막 주제인 '다른 세계들'에서는 지구에서 하늘을 관측하는 인간이라는 처음의 관점으로 되돌아가서, 지구와 유사한 다른 행성들과 다른 생명체가 존재할 가능성에 대해 생각해보고, 최근에 발견된 태양계 이외의 행성계 특징도 살펴볼 것이다. 그리고 각 주제마다 해당 분야의 선구적인 연구 내용들을 개략적으로 정리하고, 에드윈 허블이나 칼 세이건을 비롯한 뛰어난 과학자들의 삶을 요약해서 소개할 것이다.

이 책은 두 가지의 목적으로 이용할 수 있다. 여러분은 블랙홀의 실체라든지 화성탐사선인 큐리오시티의 탐사 자료와 같은 특정 부분을 선택하여 읽어볼 수도 있고, 책을 처음부터 차근차근 읽어가며 우주에 대한 과학적 지식을 폭넓게 쌓아갈 수도 있다. 우리가 다른 사람들과의 관계를 상정하지 않는다면 우리 자신에 대해 정확하게 알 수 없고, 다른 나라를 여행하거나 다른 나라에서 살아보지 않으면 우리들이 살고 있는 나라를 제대로 알 수 없듯이, 광대한 우주공간 속에 놓인 지구를 생각하고 다른 세계를 관측하는 일은 지구에서의 삶의 의미를 깨닫는 작지만 큰 발걸음이 될 것이다.

차례

행성

행성
용어해설

가스방출 행성 지표면의 암석지대, 해양 같은 곳에 흡수 또는 동결, 포집된 가스가 방출되는 현상.

거대 가스행성 암석 대신에 주로 가스로 이루어진 거대한 행성. 태양계 내의 거대 가스행성은 목성, 토성, 천왕성, 해왕성, 네 곳이다. 태양계 밖에도 별 주위를 공전하는 거대 가스행성들이 있다.

고리계(系) 행성 주위를 공전하고 있는 수 미터 크기의 암석조각, 얼음덩어리 등으로 이루어진 판 모양의 테. '행성 고리'라고 한다. 태양계에서는 토성의 고리계가 가장 유명하며 해왕성, 천왕성, 목성에도 고리가 있다.

니치환경 특정 생물종에 적합하도록 진화된 환경.

달 행성 주위를 공전하는 천체. 자연위성이라고도 한다. 지구의 달은 태양계에서 가니메데(가장 큰 위성, 목성의 달), 타이탄(두 번째로 큰 위성, 토성의 달), 칼리스토와 이오(세 번째와 네 번째로 큰 위성, 목성의 달)에 이어 다섯 번째로 큰 위성이다.

달의 바다 달 표면에 있는 현무암질의 용암지대(현무암은 거뭇거뭇한 화성암). 예전의 천문학자들은 이 지역에 물이 있는 것으로 잘못 알고 달의 바다라는 이름을 붙였다. 구름의 바다, 고요의 바다를 포함해서 이런 지역이 여럿 있으며, 대략 달 표면의 16퍼센트에 달한다. 육안으로 볼 때 어둡게 보이는 지역이며, 일부 문명권에서는 그 얼룩덜룩한 무늬를 '달 토끼'라고 부르기도 한다.

대기 별을 비롯한 어떤 큰 천체 또는 행성을 둘러싸고 있는 공기층으로서 중력에 의해 그 형태가 유지된다.

맨틀 지구의 외핵과 표면(지각) 사이에 있는 지층으로서 두께가 약 2,900킬로미터다.

바이오매스(생물자원) 생물체 또는 그 사체에서 유래되는 유기물.

아폴로 계획 사람을 달에 착륙시키는 미항공우주국(NASA)의 우주 계획. 1961년에 착수하여 1967~1972년 사이에 17차례 시행되었다. 1969년 7월 20일 아폴로 11호가 최초로 인간의 달 착륙에 성공했고, 아폴로 17호가 1972년 12월 마지막 비행을 했다. 이 중 여섯 번 달 착륙에 성공했고, 12명의 미국 우주 비행사가 달 표면을 걸었다.

온실효과 행성의 표면에서 나온 열이 대기의 기체에 의해 흡수된 다음 다시 행성의 표면 방향으로 방출되는 현상. 대기층 아래와 행성 표면의 온도가 상승한다. 온실효과는 지구에만 있는 것이 아니라 금성과 같은 행성에도 있으며, 지구보다는 금성에서 그 효과가 더 크다.

운석 달이나 행성의 표면에 떨어진 유성체.

원시 행성 '태아'에 해당하는 행성의 초기 형태. 가스와 먼지구름이 응축된 원반 형태의 천체로서 작은 행성체들의 충돌로 형성되며, 새로 탄생된 별 주위에서 발견된다. 여러 개의 원시 행성들이 서로 충돌하여 하나 이상의 행성이 만들어진다.

유성 일명 '떨어지는 별', '별똥별'이라 한다. 대기권으로 들어온 물체가 공기와의 마찰로 불이 붙어 빛줄기로 보이기 때문에 붙여진 이름이다.

유성우 짧은 시간에 여러 개의 유성이 한꺼번에 나타나는 현상.

유성체 태양계 내 행성들 사이에 떠다니는 바윗덩어리. 소행성보다 작다.

지각 행성이나 자연위성의 딱딱한 지표 부분.

지각판 행성의 지각을 구성하고 있는 여러 조각의 판. 맨틀 위에 있으며 이리저리 떠다닌다.

지구 저궤도 지구 상공 145~1,000킬로미터에 있는 궤도. 아폴로 우주선을 제외한 모든 유인 우주선, 모든 유인 우주정거장과 대부분의 인공위성이 지구 저궤도에서 지구 주위를 선회하고 있다.

표토 단단한 바위를 덮고 있는 표면의 흙과 돌조각 같은 것들의 혼합체. 지구, 달, 여타 행성과 위성, 소행성에서 발견된다.

핵 행성이나 별의 중심부분.

수성

MERCURY

30초 저자

폴 머딘

수성은 태양계 8개의 행성 중에서 가장 작은 행성으로서 지름이 4,879킬로미터다. 태양에 가장 가까이 있어서 공전속도가 가장 빠르다. 수성은 88일마다 태양 주위를 한 바퀴 돌고, 59일마다 한 번 자전한다. 태양 주위를 두 바퀴 도는 동안 세 바퀴 자전하는 셈이다. 자전과 공전의 이 같은 상대적인 속도 때문에 수성의 달력은 기괴하다. 수성에서 해가 떠서 지는 하루의 길이는 수성 시간으로 2년이며, 지구 시간으로는 176일이나 된다.

수성에는 계절의 변화가 없으며, 태양계의 어떤 행성보다도 지역에 따른 온도차가 크다. 정오에 적도 지역의 온도는 400℃이고, 밤에 극 지역의 온도는 -200℃에 이른다. 극 지역의 분화구 바닥은 항상 그늘이 져 있고 얼음층에 덮여 있어서 온도가 특히 낮다.

수성은 달과 비슷하게 지표가 단단하고, 크고 작은 분화구들로 덮여 있다. 이 분화구들은 달의 경우와 마찬가지로 소행성이나 운석이 충돌해서 생긴 것들인데, 특히 칼로리스 분지는 그 크기가 엄청나다. 수성의 대기층은 뜨거운 태양의 표면에서 분출되어 날아온 가스와 원자들로 구성되어 있으며, 아주 얇고 밀도가 낮아서 거의 없는 것과 같다.

관련 주제

3초 인물 소개

알베르트 아인슈타인

1879~1955

상대성이론을 창시한 독일·스위스계 미국인 이론 물리학자.

3초 폭발

수성의 영어명인 머큐리는 고대 로마 신들의 전령사인 머큐리의 이름을 딴 것이다. 낮에는 엄청나게 덥고 밤에는 엄청나게 추운 극한 상황에서 빠르게 움직이는 수성에 어울리는 이름이다.

3분 궤도

수성의 궤도는 태양에 가장 가까이 있고, 가장 납작한 형태의 타원이다. 때문에 궤도 상의 지점에 따라 중력의 변화가 아주 커서 중력이론을 시험할 실험대의 역할을 한다. 수성의 궤도는 아이작 뉴턴의 이론과는 맞지 않는 부분이 있으며, 이 부분은 아인슈타인의 일반상대성이론으로 설명이 된다. 그래서 수성의 궤도는 일반상대성이론이 뉴턴의 이론보다 더 나은 중력이론임을 입증하는 첫 번째 증거가 되었다.

수성에는 단열 담요와 같은 역할을 하는 대기가 거의 없기 때문에, 밤이 깊어질수록 온도가 급격히 떨어진다.

금성

VENUS

관련 주제
유성
51쪽
외계 생명체
141쪽

3초 인물 소개
칼 세이건
1934~1996
금성의 온실효과를 예측한
미국의 천문학자. 천체물
리학자이자 작가.
(143쪽 참조)

금성은 지름이 1만 2,104킬로미터로 지구와 크기가 비슷하다. 금성은 지구의 궤도 안쪽에서 태양 주위를 돌고 있으며, 공전주기는 224일이고 자전주기는 243일이다. 자전의 방향은 지구와는 반대로 시계방향이다.

금성에도 지구처럼 대기가 있지만, 뜨겁고 밀도가 높으며 주로 이산화탄소로 이루어져 있다. 그래서 지표에 도달한 태양열을 대기 아래에 가두는 온실효과가 강하게 일어난다. 그 결과 금성의 평균온도는 주석을 녹일 만큼 높은 480℃에 이른다. 금성의 표면은 불투명한 구름층에 완전히 가려져 있어서 외부에서는 전혀 볼 수가 없다. 금성에 착륙한 우주선이 보내온 영상을 보면 금성의 하늘은 노란 유황빛을 띠고 있다.

금성의 궤도를 돌았던 우주탐사선 마젤란호(1990~1994)와 지구의 고성능 레이더에 의해 금성 표면의 모습이 알려졌다. 금성의 표면은 매우 건조하고 비늘 모양의 검은 화산암으로 이루어져 있다. 금성에는 100개가 넘는 화산들이 산재해 있으며, 그 측면에는 용암이 흘러내리다 굳은 자국들이 있다. 지구의 화산은 대부분 지각 판들이 충돌하는 경계면 위로 용암이 분출하여 생기지만, 금성에는 지각판이 없어서 지표의 약한 지점들에 화산이 생긴다.

30초 저자
폴 머딘

3초 폭발
금성은 지구와 크기가 비슷하지만, 유황빛 하늘 아래에 뜨겁고 검은 지표가 펼쳐져 있는 대재앙의 지옥 같은 곳이다.

3분 궤도
금성에 보내지는 우주선은 지구의 약 90배인 대기 압력과 구름에서 내리는 황산비를 견딜 수 있도록 설계되어야 한다. 하강 과정에서 살아남아 넘어지지 않고 암반 위에 착륙한 우주선도 작동시간이 1시간 가량밖에 되지 않는다. 그래서 금성에 외계인이 존재할 가능성은 전혀 없다.

**금성이 태양 앞을 지나갈 때 보이는
검게 그늘진 부분은 화산지대의 황무지임이
우주탐사선에 의해 밝혀졌다.**

지구

THE EARTH

3초 인물 소개
칼 세이건
1934~1996
미국의 천문학자, 천체물
리학자이자 작가.
(143쪽 참조)

지구는 철과 암석으로 이루어진 단단한 구체이
며, 고체로서는 태양계에서 가장 크다. 지구는
45억 년 전에 태양이 만들어진 이후에 남은 먼지
와 가스체로부터 형성되었다. 지구가 형체를 갖
추는 데에는 1,000만 년 정도의 시간이 걸렸지
만, 아직도 형성 과정이 완전히 끝나지 않았다고
말하는 것이 정확한 표현일 것이다. 지구는 지
질적으로 여전히 '활동적'이기 때문이다. 지구의
지각은 두께가 5~50킬로미터인 15개의 지각판
으로 나뉘어 있고, 이 판들은 규산염으로 된 맨
틀 위를 떠다니고 있다. 맨틀 아래에는 철과 니
켈로 구성된 핵이 있다.

은하계 전체와 비교하면, 지구는 은하계 외곽
에 위치한 태양 주위를 공전하는 작은 암석체에
불과하다. 하지만 지금까지 알려진 바로는 지구
의 지표는 생명이 살고 있는 유일한 곳이다. 지
구의 생명체는 지구가 탄생한 지 10억 년이 지난
시점에 나타났고, 그 후 수백만 종으로 불어났
다. 식물은 자급자족이 가능한 생물자원이라는
측면과 환경에 미치는 영향 측면에서 지구를 지
배하는 생명체라 할 수 있다. 식물은 지구 대기
의 구성 성분을 변화시켜왔으며, 식물의 잎은 적
외선을 반사시키는 특성이 있어서 아마 먼 우주
공간에서도 탐지될 수 있을 것이다.

30초 저자
프랑수아 프레신

3초 폭발
미국의 천문학자 칼 세이
건은 우주에서 볼 때 푸른
점으로 보이는 지구에 대
해 이렇게 말했다. "햇빛
속에 떠다니는 작은 티끌
…… 저것이 이곳 지구이
다. 저것이 우리의 고향이
다. 저것이 바로 우리다."

3분 궤도
인공위성이 찍은 최초의
사진에서 지구는 대부분
이 푸른 바다로 채워져 있
어서 그 이후부터 '푸른 행
성'으로 불리고 있다. 하지
만 물은 지구 질량의 0.02
퍼센트에 불과하여 바다는
갈색 공을 덮고 있는 얇은
청색 종이와 같다. 인간을
포함해서 수백만 종의 생
명체가 이용할 수 있는 신
선한 물은 지구에 존재하
는 물의 0.001퍼센트에 지
나지 않는다.

**지구라는 행성은 공 모양의 진흙과
금속 덩어리를 얇은 물의 층이
덮고 있는 천체이다.**

달

THE MOON

30초 저자
프랑수아 프레신

관련 주제
지구
21쪽

3초 인물 소개
닐 암스트롱
1930~2012
최초로 달 표면에 발을 디
딘 미항공우주국 우주비
행사.

에드윈 유진 버즈 올드린
1930~
두 번째로 달 표면에 발을
디딘 미항공우주국 우주
비행사.

달의 모습은 우리에게 익숙하지만, 사실은 태양
계에서 가장 특이한 천체 중 하나다. 달은 태양
계에서 다섯 번째로 큰 위성이며, 주행성과의 상
대적 크기의 비율이 가장 크다. 달은 탄생 초기
의 지구에 화성 크기의 천체가 부딪히는 엄청난
충돌 과정에서 생겨났다고 추정된다. 지구 주위
로 달의 공전이 시작된 이후 공전궤도는 서서히
지구로부터 멀어져서 자전과 동기화되었다. 즉
달은 한 번 자전하는 동안 지구 주위를 한바퀴
공전한다. 그래서 지구에서는 항상 달의 한쪽 면
만 볼 수 있다.

달의 중력이 지구에 미치는 영향 때문에 나타
나는 가장 뚜렷한 현상은 지구가 달의 방향으로
팽창하는 조력 현상이다. 지구의 표면에서 달에
가장 가까운 지점은 가장 먼 지점보다 더 큰 중
력을 받기 때문에, 중력의 차이가 발생하여 이러
한 팽창현상이 일어나는 것이다. 바다에서는 이
중력의 차이가 조수를 일으킨다.

아폴로 우주 계획이 진행된 1969년부터 1972
년 사이에 21명의 우주비행사들이 저지구 궤도
를 넘었고 그중 12명이 달에 발을 디뎠다. 달로
가는 우주여행은 인류가 직접 우주의 실제 모습
을 엿볼 수 있는 기회가 되었다.

3초 폭발
달은 지구의 자연위성이며,
현재 인간이 직접 갈 수 있
는 가장 먼 곳이다.

3분 궤도
달에는 대기가 없으며, 달
의 표면은 운석이 충돌한
자국인 분화구로 뒤덮여
있다. 달의 '바다'는 주로
달의 앞면에 존재하는데,
이는 사실 오래전의 화산
폭발로 형성된 현무암질
의 평원이다. 표토라고 불
리는 미세입자들이 달의
표면을 뒤덮고 있으며, 이
것들이 빛을 반사한다. 지
구에서 달까지의 거리는
달 궤도의 위치에 따라 다
르지만, 평균거리는 38만
4,400킬로미터다.

달 착륙선인 이글호의 비행사이자
달에 발을 디딘 두 번째 사람인 버즈 올드린은
달에서 본 광경을 "장대한 황량함"이라는
한마디의 말로 표현했다.

화성

MARS

30초 저자
폴 머딘

관련 주제
태양풍
41쪽

외계 생명체
141쪽

3초 인물 소개
퍼시벌 로웰
1855~1916
화성 연구를 위해 애리조나주 플래그스태프에 로웰천문대를 설립한 미국의 천문학자.

태양으로부터 지구 다음에 있는 행성인 화성은 1년이 지구 시간으로 687일이며, 한 바퀴 자전하는 데 24시간이 조금 더 걸린다. 화성은 지름이 6,792킬로미터로 지구보다 작은 행성이지만, 태양계에서 가장 큰 산과 협곡을 자랑한다. 화성의 올림푸스 몬스 화산은 높이가 2만 2,000미터이고, 마리네리스 협곡에는 폭과 깊이가 미국 그랜드캐니언의 10배에 달하는 곳도 있다.

화성의 극관에는 이산화탄소가 응고된 드라이아이스와 얼음이 겹겹이 쌓여 있고, 계절에 따라 팽창했다 줄었다 한다. 추운 밤에는 곳곳에 서리가 내리고, 아침에 동이 트면 사라진다. 화성의 대기층은 얇지만 지상의 바람이 강해서 먼지폭풍을 일으키는데, 이 먼지폭풍은 행성 전체를 뒤덮기도 한다. 지표 아래의 얼음이 녹으면서 작은 물방울들이 절벽을 타고 흘러내리는 곳도 여러 군데 있다.

과거에는 화성에 물이 더 많았다. 운석 충돌로 생긴 분화구에 물이 차서 호수가 된 곳도 더러 있었다. 화성의 특징 중 하나인 광활한 평원은 사막인데, 과거 거대한 물줄기가 휩쓸고 간 범람원이다. 화성의 환경은 가혹하지만, 니치환경에 적응된 외계 생명체가 발견될 가능성도 보여주고 있다.

3초 폭발
화성에는 얼음에 뒤덮인 극관, 넓은 사막과 산맥들, 화산과 넓고 깊은 협곡들이 산재해 있다. 화성은 태양계 내에서 지구와 가장 비슷한 행성이다.

3분 궤도
화성은 오래된 암석에서 자성물질이 발견됨으로써 약한 자기장을 갖고 있는 것으로 밝혀졌다. 하지만 과거에는 자기장이 훨씬 강했다. 자기장은 철이 녹아 있는 유체 상태의 핵이 유동하여 발생한다. 하지만 작은 핵이 얼어붙으면서 자기장이 약해져서 화성 전체가 사막화되는 대재앙이 일어났다. 태양풍이 화성의 대기를 뚫고 들어와 지표를 부식시킨 것이다.

1997년 소형 탐사로봇인 소저너(11킬로그램)가 화성 표면을 조사했는데, 2012년에는 그보다 훨씬 큰 탐사로봇인 큐리오시티(1톤)가 화성에 착륙했다.

목성

JUPITER

30초 저자

캐롤린 크로포드

차가운 행성인 목성은 태양으로부터 지구보다 5배나 먼 거리에 있고, 공전주기가 지구 시간으로 11.86년에 달한다. 목성의 질량은 태양계 내의 모든 행성의 질량을 합친 것보다 2배 이상 크다. 부피가 지구의 1,300배에 달하지만, 주기가 10시간이 채 되지 않는 빠른 자전 때문에 극지역이 현저하게 납작해져 있다.

관련 주제

갈릴레오 갈릴레이
29쪽

토성
31쪽

천왕성과 해왕성
33쪽

3초 인물 소개

갈릴레오 갈릴레이
1564~1642
이탈리아의 천문학자.
(29쪽 참조)

목성은 단단한 고체덩어리가 아니라 주로 가장 가벼운 원소인 수소와 헬륨으로 이루어진 가스 덩어리다. 우리에게 보이는 목성의 '표면'은 대기의 상층부에 있는 구름의 바깥쪽 면일 뿐이다. 아래로 내려갈수록 위쪽 가스의 무게에 눌려 온도와 밀도가 점점 증가하여 수소가 액체 상태가 되며, 이 액체수소층이 지구 질량의 10배에 달하는 핵을 둘러싸고 있다.

대기층에서는 태양에너지와 내부의 열에 의해 소용돌이가 일어나서 갖가지의 복잡한 무늬가 만들어지는데, 빠른 자전 때문에 이 무늬들이 적도에 평행하게 늘어서게 되어 여러 색깔의 얼룩덜룩한 줄무늬로 나타난다. 수많은 태풍이 발생했다가 소멸하지만, 가장 큰 태풍은 대적반으로서 지구 2개를 삼킬 만큼 크며, 오랫동안 사라지지 않고 남아 있다.

3초 폭발

태양계에서 가장 큰 행성인 목성은 두꺼운 대기층을 가진 전형적인 거대 가스행성으로서, 지구와는 전혀 다른 세계다.

3분 궤도

목성은 60개가 넘는 위성을 거느리고 있다. 가장 큰 4개의 위성인 이오, 에우로파, 가니메데, 칼리스토는 1610년 갈릴레오 갈릴레이에 의해 발견되었다. 그는 목성 주위를 공전하는 이 위성들을 관측한 후, 태양계의 중심은 지구가 아니라 태양이라고 확신하게 되었다. 이 4개의 위성들은 크기가 달과 비슷하지만, 나머지 다른 위성들은 훨씬 작고 모양도 불규칙하다.

목성의 적도지역의 직경은 14만 2,700킬로미터다. 지구가 마치 목성의 위성처럼 보인다.

1564년 2월 15일
피사에서 출생

1581년
피사대학 의학부에서 공부하다

1586년
물정역학 저울을 발명하다

1592년
온도측정기를 발명하다

1592~1610년
파도바대학에서 수학, 의학,
천문학을 가르치다

1610년
망원경을 통한 관측 결과들에
관한 논문인 『별세계의 사자』
(라틴어명: 시데레우스
눈치우스)를 출간하다

1612년
해왕성을 관측했으나, 그것이
행성이라는 사실을 깨닫지
못했다

1616년
『바다의 썰물과 밀물에 관한
대화』에서 조수의 운동을
처음으로 설명하다. 이 책은
이후에 출간된 『대화』의 기초가
되었다

1616년
토성의 고리를 관측하다

1616년
로마의 종교재판소에서
태양중심설을 옹호하다

1617년
큰곰자리에 있는 쌍성 미자르를
관측하다

1623년
『분석자』를 출간하다

1632년
태양중심설을 옹호하는
『두 가지 주요 세계관에 관한
대화』를 출간하다

1633년
로마의 종교재판소로부터
이단의 죄로 유죄를 선고받고
가택연금을 당하다

1634~1638년
운동의 기하학과 물체와 힘에
관한 연구 업적을 정리한
『새로운 두 과학에 관한 수학적
증명』을 저술하다

1638년
시력을 잃고 실명하다

1642년 1월 8일
플로렌스에서 사망

1718년
갈릴레이의 저서에 대한
금서조치가 해제되다

1835년
가톨릭교회의 금서 목록에서
갈릴레이의 저서들이
삭제되다

갈릴레오 갈릴레이

갈릴레오 갈릴레이는 수학자, 천문학자, 물리학자, 미술가, 음악가, 교수, 의사, 발명가이자 저술가였다. 그는 르네상스를 이끈 위인들 중에서도 으뜸가는 인물이었다. 음악가의 아들이었지만 음악가의 길을 가지 않고 피사대학에서 의학공부를 시작했다. 하지만 곧바로 수학과 물리학에 매료되었고, 미술과 디자인 공부라는 옆길로 빠지기도 했다. 갈릴레이는 평생토록 가족의 생계문제로 압박을 받았으며, 돈벌이가 될 만한 상품을 발명하기 위해 끊임없이 애를 썼는데 온도계의 원조인 온도측정기나 군사용 나침반이 이런 노력의 산물이었다.

그는 17세기의 과학혁명에서 중요한 역할(갈릴레오는 낙하하는 물체의 운동법칙을 밝혀낸 것으로 유명하며, 알베르트 아인슈타인은 그를 근대 과학의 아버지라고 불렀다)을 했지만, 우리에겐 달의 지도를 작성한 천문학자로 더 많이 알려져 있다. 그는 안경 제조자인 독일계 네덜란드인 한스 리퍼세이(1570~1619)가 개발한 망원경을 개량해서 금성의 위상 변화, 목성의 가장 큰 4개의 위성들과 태양의 흑점을 관측했다. 또한 은하수가 수십억 개의 별들로 이루어져 있다는 사실도 발견했다. 망원경을 통해 이루어진 이러한 최초의 발견들은 그의 논문인 『별세계의 사자』(1610)에 기록되어 있다.

갈릴레이는 지구, 달, 행성들이 태양 주위를 공전한다는 코페르니쿠스의 태양중심설을 헌신적으로 지지했다. 1616년 로마교황청의 종교재판소가 태양중심적 구조는 불가능하다는 결론을 내린 이후에 갈릴레이는 태양중심설을 뒷받침하기 위해 그가 관측한 사실들을 이용했다. 그의 이러한 행동에 대해 교황청이 경고를 했지만, 성격이 강하고 비판적이며 권위를 두려워하지 않던 갈릴레이는 1632년에 『두 가지 주요 세계관에 대한 대화』를 출간했다. 이 책에 앞서 1623년에 그는 과학적 사고의 수학적 체계와 실험방법을 발전시킨 『분석자』(그의 과학적 포고문으로 받아들여지고 있다)를 출간했고, 이 책은 큰 성공을 거두었다. 하지만 점점 편협하게 변해간 교황 우르바노 8세는 『대화』를 모욕으로 받아들였고, 결국 가톨릭 교회의 분노가 갈릴레이의 머리 위에 떨어졌다. 그는 종교재판에 회부되어 열렬한 이단자의 혐의로 유죄판결을 받았다. 고문의 위협 속에서 어쩔 수 없이 자신의 주장을 철회했지만, 여생동안 가택연금에 처해졌고 그의 저서는 금서 목록에 포함되었다. 19세기 초에 이르러서야 갈릴레이는 혐의를 벗었고 그의 저서도 금서목록에서 해제되었다.

토성

SATURN

3초 인물 소개
조반니 카시니
1625~1712
토성의 위성 4개를 발견한
프랑스계 이탈리아인 천
문학자.

크리스티앙 호이겐스
1629~1695
타이탄을 발견한 독일의
천문학자.

태양계에서 목성에 이어 두 번째로 큰 거대 가스 행성인 토성은 부피가 700개의 지구를 합친 것보다 더 크지만, 질량은 지구의 95배에 불과하다. 그래서 토성의 밀도는 태양계 내 행성들 중에서 가장 낮으며, 지구 상의 물보다도 낮다.

토성은 목성과 비슷하게 암석으로 된 작은 핵 주위로 액체수소층이 있고, 그 위에 수소와 헬륨으로 이루어진 두꺼운 대기층이 감싸고 있다. 빠른 자전속도 때문에 대기가 바깥쪽으로 쏠려서 적도지역이 극지역보다 직경이 10퍼센트 정도 더 길다. 토성의 표면은 위도에 따라 자전속도가 달라서 하루의 길이에 차이가 있는데, 극지역이 적도지역보다 25분 더 길다.

토성은 직경이 1킬로미터 이하인 작은 위성부터 거대한 타이탄까지 60개가 넘는 위성들을 거느리고 있다. 타이탄은 직경이 5,150킬로미터로서 수성보다도 크다. 타이탄은 지구와 같은 층상 대기를 갖고 있으며, 지구 이외에 태양계에서 지표에 안정된 상태의 액체가 있는 유일한 천체로 알려져 있다. 포에베를 비롯한 작은 많은 위성들은 공전궤도가 찌그러지고 기울어져 있는데, 이는 소행성들이 토성의 강한 중력에 포획되어 위성이 되었다는 사실을 보여준다.

30초 저자
캐롤린 크로포드

3초 폭발
고대 이래 근세에 이르기까지 가장 먼 행성으로 알려져왔던 토성은 멋진 고리계와 줄지어 선 위성들로 유명해졌다.

3분 궤도
토성의 고리들은 얼음과 암석 덩어리, 그리고 1억 년 전에 중력에 의해 부서진 작은 위성들의 잔해로 이루어져 있다. 적도 상공의 6,400~12만 700킬로미터에서 적도를 둘러싸고 있으며 두께는 100미터에 불과하다. 토성이 태양 주위를 공전하는 29½년 동안 고리가 변하는 여러 모습들을 지구에서 볼 수 있다. 고리의 넓은 면이 보이기도 하고 가장자리만 보이다가 시야에서 사라지기도 한다.

토성의 고리는 토성 주위의 궤도를 도는 수 조(兆) 개의 암석과 얼음조각들로 이루어져 있으며, 그 크기는 모래알 정도에서 작은 바윗돌까지 다양하다.

천왕성과 해왕성

URANUS & NEPTUNE

30초 저자
캐롤린 크로포드

천왕성과 해왕성은 태양계에서 가장 멀리 있는 행성으로서, 태양으로부터의 거리는 각각 태양과 지구 사이 거리의 19배와 30배나 된다. 그래서 두 행성 모두 대기의 온도가 평균 -200℃에 이를 정도로 꽁꽁 얼어붙은 혹한의 세계이고, 공전주기도 지구 시간으로 각각 84년과 165년에 이른다.

1979년에 발사된 무인 우주탐사선인 보이저 2호가 1986년에 천왕성, 1989년에 해왕성을 지나가면서 두 행성을 가까이에서 관찰할 수 있었다. 두 행성 모두 약한 고리계를 갖고 있으며, 한 무리의 위성들이 딸려 있다. 별다른 특징이 없는 두꺼운 대기층은 주로 수소와 헬륨으로 이루어져 있다. 대기에 함유되어 있는 암모니아나 메탄 같은 탄화수소 가스가 태양광 중 적색을 흡수하고 나머지를 반사하기 때문에 행성이 청록색으로 보인다.

해왕성의 경우, 대기 내에서 발생한 열이 소용돌이를 일으켜서 태양계 내에서 가장 강한 바람을 만들어내는데, 풍속이 시속 2,000킬로미터에 달한다. 천왕성은 다른 행성과는 달리 자전축이 완전히 누워 있는 형태로 공전을 하고 있는데, 이러한 특이한 현상은 천왕성이 탄생 직후에 다른 원시 행성과 충돌하여 빚어진 것으로 추정되고 있다.

관련 주제
목성
27쪽

토성
31쪽

3초 인물 소개
윌리엄 허셜
1738~1822
천왕성을 발견한 독일계 영국인 천문학자.
(87쪽 참조)

위르뱅 르베리에
1811~1877
천왕성의 존재를 예측한 프랑스 수학자이자 천문학자.

요한 고트프리트 갈레
1812~1910
해왕성을 발견한 독일의 천문학자.

존 코치 애덤스
1819~1892
르베리에와는 별개로 천왕성의 존재를 예측한 영국의 수학자이자 천문학자.

3초 폭발
천왕성과 해왕성은 태양계에서 가장 멀리 있는 거대 가스행성이며, 둘 다 지름이 지구의 4배에 달한다.

3분 궤도
천왕성과 해왕성은 둘 다 근세에 망원경에 의해 발견되었다. 천왕성은 1781년 윌리엄 허셜이 발견했는데, 처음에는 혜성이라고 생각했다. 천왕성은 공전 중에 정상궤도를 벗어나는 이례적인 현상이 관측되었고, 천문학자들은 이 현상이 더 먼 곳에 있는 다른 행성의 중력의 영향 때문이라고 추측했다. 존 애덤스와 위르뱅 르베리에는 각각 독자적으로 이 행성의 위치를 예측했는데, 1846년 요한 갈레가 예측된 위치에서 해왕성을 발견했다.

**천왕성과 해왕성은
우리 태양계 내에서 가장 멀리 떨어져 있는
거대 행성들이다.**

태양계

태양계
용어해설

공전주기 어떤 천체가 다른 천체의 주위를 한 바퀴 도는 데 걸리는 시간. 태양 주위를 도는 지구의 공전주기는 1년, 즉 365.256363일이다.

단주기 혜성 태양 주위를 도는 공전주기가 200년 이하인 혜성.

대류층 태양 내부의 복사층(핵을 둘러싸고 있는 층)과 광구 사이의 구간으로 대류에 의해 에너지가 전달된다. 뜨거운 물질이 바닥에서 위로 올라가며 에너지를 나르고, 냉각된 후 다시 가라앉는다. 그리고 다시 가열되어 위로 올라가는 순환 과정을 반복한다.

별 엄청난 질량의 가스가 중력에 의해 결집된 거대한 공 모양의 천체. 핵에서 일어나는 핵융합을 통해 열과 빛을 방출한다.

오르트 성운 태양계 외곽에서 태양계를 둘러싸고 있는 둥근 구름. 카이퍼벨트보다 훨씬 멀리 떨어져 있으며, 그 속에는 2조 개에 달하는 차가운 천체들이 들어 있을 것으로 추정된다. 오르트 성운의 바깥쪽 경계는 태양의 중력이 영향을 미치는 한계선으로 여기가 곧 태양계의 경계다. 천문학자들은 대부분의 혜성이 오르트 성운에서 온다고 믿고 있다.

원시 행성 원반 생성 과정에 있는 태양계에서 새로 탄생한 별을 중심으로 회전하는 먼지와 가스로 이루어진 원반. 이러한 가스와 먼지 덩어리에서 행성들이 만들어진다.

천문단위 1천문단위(AU)는 태양과 지구 사이의 평균거리를 말하며, 대략 1억 5,000만 킬로미터다. 태양에서 30~55AU 떨어진 태양계 끝자락에는 왜소행성들이 흩어져 있는 카이퍼벨트가 있고, 그보다 더 멀리 5,000~100,000AU 떨어진 곳에는 차가운 물체들로 이루어진 오르트 성운이 있다.

코마 혜성의 핵을 둘러싸고 있는 엷은 가스와 먼지구름. 혜성의 핵은 얼음과 암석조각으로 이루어진 구체인데, 미국 천문학자인 프레드 휘플은 이것을 "더러운 눈덩이"라고 불렀다. 혜성이 내부태양계(수성, 금성, 지구, 화성)에 가까워질수록 태양열에 의해 점점 가열되어 얼음과 먼지의 일부가 증발하게 되는데, 이것이 코마(coma)이다.

카이퍼벨트 태양계 외곽에 있는 도넛 형태의 구역. 태양으로부터 수십억 킬로미터 떨어져 있으며, 명왕성 같은 왜소행성과 작은 천체들이 들어 있다. 이 천체들은 궤도가 해왕성의 궤도 너머에 있기 때문에, 'TNO(trans-

Neptunian objects. 해왕성 바깥 천체)'라고
한다.

태양의 광구 눈에 보이는 태양의 외부 표면.
두께는 약 100킬로미터다. 광구에서는 흑점,
백반, 쌀알조직을 볼 수 있다.

태양의 코로나 태양의 외부 대기층. 평소에
는 100만 배나 더 밝은 광구의 섬광에 가려
져 보이지 않지만, 개기일식 중에는 태양이
달에 가려지기 때문에 코로나를 볼 수 있다.
태양의 대기를 연구할 목적으로 고안된 코
로나그래프라는 코로나 관측기구도 있다.

태양 흑점 태양의 광구에 나타나는 검은 반
점. 자기장 활동이 대류를 방해하여 부분적
으로 온도가 낮아져서 나타나는 현상이다.

페르세우스 유성우 매년 7월 23일부터 8월
20일까지 페르세우스자리에서 나타나는 유
성우. 유성우가 나타나는 별자리의 이름을
따서 이렇게 부른다. 이 유성우는 스위프트-
터틀 혜성에서 떨어져나온 먼지와 잔해들이
며, 주로 북반구에서 볼 수 있다.

핵융합 2개의 원자핵이 합쳐져서 더 무거운
원자핵 1개가 생성되는 현상. 융합 과정에서

막대한 에너지가 방출된다. 태양처럼 살아
있는 별들의 내부에서는 핵융합이 일어나고
있다.

핼리혜성 영국 천문학자인 에드먼드 핼리
의 이름을 딴 단주기 혜성으로 공식명칭은
1P/핼리. 에드먼드 핼리는 1531년, 1607년,
1682년에 관측된 이 혜성이 주기적으로 돌
아오는 혜성이고, 1758년에 다시 나타날 것
이라고 정확하게 예측했다. 핼리혜성은 가
장 밝은 단주기 혜성으로 육안으로도 볼 수
있으며, 75~76년마다 나타난다. 핼리혜성
은 기원전 240년부터 관측되어왔고 노르만
인들이 영국을 정복한 1066년에도 관측되었
는데, 이 사실은 유네스코 세계문화유산으
로 등재된 〈베이유 자수〉라는 그림에 나타나
있다. 1986년에 마지막으로 관측되었으며,
2061년에 다시 나타날 것이다.

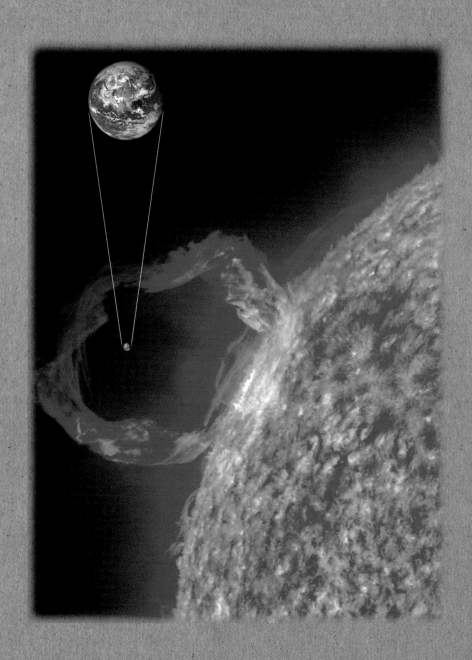

태양

THE SUN

30초 저자
자코리 베르타

태양은 코로나(상부 대기층), 채층(하부 대기층), 광구(표면), 대류층, 복사층, 핵의 구조로 이루어져 있다. 핵에서는 온도와 압력이 엄청나게 높기 때문에 수소원자가 합쳐져서 헬륨원자로 바뀌는 핵융합 반응이 일어나고 있으며, 이 과정에서 수소원자들의 질량의 일부가 에너지로 계속 바뀐다. 이 에너지는 핵 외부로 방출되면서, 끓는 주전자 속의 물처럼 거품이 끊임없이 일어나는 대류층과 가스 원자들이 모두 이온화되어 있는 플라즈마를 만들어낸다. 태양의 에너지는 이렇게 핵으로부터 약 70만 킬로미터(지구의 핵에서 지표에 이르는 거리의 약 100배)의 거리를 빠져나와 광구를 통해 밝고 흰 빛의 형태로 우주의 어둠 속으로 방출된다. 지구에 도달되는 에너지는 방출된 에너지의 단 10억 분의 1에 불과하지만, 이 에너지가 지구의 기후를 좌우한다.

태양의 표면인 광구는 태양에서 가장 온도가 낮은 층이지만 5,500℃에 이르는 매우 뜨거운 곳으로서 모든 물체가 기체상태다. 광구 아래의 대류층에서 일어나는 플라즈마의 소용돌이에 의해 강한 자기장이 발생하며, 이 자기장이 광구를 관통하여 태양의 표면에 얼룩덜룩한 무늬인 흑점들을 만들어낸다. 흑점은 태양의 자기장 활동이 가장 왕성한 시기에 그 수가 가장 많아지는데, 이 현상은 11년을 주기로 일어난다.

관련 주제

3초 인물 소개

요제프 폰 프라운호퍼
1787~1826
태양빛 스펙트럼의 검은 흡수선을 발견한 독일의 광학자.

조지프 노먼 로키어
1836~1920
태양의 대기에서 헬륨을 발견한 영국의 천문학자.

3초 폭발

태양은 100조 테라와트(10^{26}와트)의 원자력 화로이며, 지구상의 거의 모든 유기체에 대한 에너지 공급원이다.

3분 궤도

태양은 우리 은하계에 있는 1,000억 개의 다른 별들과 별반 다를 게 없으며, 가까워서 다른 별들보다는 관찰하기가 쉽다. '태양지진학' 분야의 과학자들은 태양의 내부구조와 구성물질을 알아내기 위해 태양 표면에서 일어나는 진동을 분석한다. 또한 탐지기구들을 이용해서 뉴트리노와 같은 기본입자들(핵에서 일어나는 핵융합 반응의 부산물들) 간의 약한 상호작용도 관측하고 있다.

태양과 지구의 상대적 크기(거리가 아니다)를 같은 비율로 축소하여 보여주는 그림이다. 태양 속에는 100만 개의 지구가 들어갈 수 있다.

태양풍

THE SOLAR WIND

30초 저자
자코리 베르타

태양의 광구 위쪽에서는 밀도는 낮지만 훨씬 뜨거운 플라즈마의 소용돌이가 일어나고 있다. 바로 태양의 코로나다. 코로나의 열원(熱源)에 대해서는 활발한 연구가 진행되고 있는데, 태양의 표면 상부에서 일어나는 자기파나 음파들의 충돌이 그 원인일 수 있다. 이 코로나로부터 전자와 양성자, 그리고 더 무거운 이온들이 우주공간으로 매시간 수십억 톤씩 방출되어 '태양풍'이 형성되고 있으며, 그 속도는 시속 수백만 킬로미터에 달한다.

태양 표면에서는 일시적으로 폭발 현상이 일어나는데, 이를 '플레어(flare)'라고 한다. 플레어가 발생하면 태양풍은 강풍으로 변해 수일 내에 지구에 도달한다. 다행히 지구의 자기장이 위험한 태양풍을 막아서 안전하게 비껴가게 만들기 때문에 인공위성들과 생태계가 파괴되지 않고 보호받을 수 있다. 지구의 자기장에 막힌 태양풍 속의 하전입자들은 자기장을 따라 극지역 쪽으로 휘돌아 떨어지면서 지구의 대기와 상호작용하여 화려한 빛의 향연이 펼쳐진다. 이것이 '오로라 보레알리스'(북극광)와 '오로라 오스트랄리스'(남극광)이다. 태양의 활동이 왕성하고 태양풍이 강할수록 오로라는 더 밝게 빛나고 적도 쪽으로 더 넓게 확장된다. 태양풍은 또한 혜성들의 긴 꼬리를 만들어내는 주역이기도 하다.

관련 주제

태양
39쪽

혜성
49쪽

3초 인물 소개

리처드 캐링턴
1826~1875
영국의 천문학자.

크리스티안 비르켈란
1867~1917
북극광의 원인을 규명한 노르웨이의 물리학자.

3초 폭발

태양은 빛 외에 태양풍도 쏟아낸다. 태양풍은 하전입자들의 초음속 돌풍으로서 끊임없이 지구의 자기장을 교란시킨다.

3분 궤도

1859년, 천문학자인 리처드 캐링턴은 태양의 표면에서 섬광을 관측했다. 이 거대한 태양의 플레어로 말미암아 태양풍이 돌풍으로 변해 수일 후 지구의 자기장에 충돌했다. 그 결과, 밤에 신문을 읽을 수 있을 정도로 밝고 화려한 오로라가 나타나고, 전보 기사의 손가락에 전기 스파크가 일어나는 사건이 있었다. 이를 '캐링턴 사건'이라고 하는데, 이처럼 강한 자기폭풍이 다시 온다면 지구의 통신망과 전력공급망을 무력화시키는 엄청난 피해를 가져올 수도 있다.

태양풍 속의 입자들은 지구의 자기장, 대기와 상호작용을 일으켜서 아름다운 오로라를 만들어내는데, 남극이나 북극에 가까울수록 쉽게 오로라를 볼 수 있다.

에리스,
명왕성과 왜소행성들

ERIS, PLUTO & DWARF PLANETS

관련 주제
소행성
45쪽

30초 저자
폴 머딘

3초 인물 소개
제럴드 카이퍼
1905~1973
카이퍼벨트의 존재를 주장한 독일계 미국인 천문학자. 행성 물리학자.

클라이드 톰보
1906~1997
명왕성을 발견한 미국의 천문학자.

태양계의 주요 행성들 너머에는 TNO(해왕성 바깥 천체)라 불리는 작은 천체들이 있다. TNO들은 태양계 외곽에 있는 카이퍼벨트에서 태양 주위를 공전하고 있다. 이 천체들은 태양계 형성 초기에 목성과 토성의 안쪽에 있던 행성체의 조각과 파편들이었는데, 두 행성의 강한 중력에 의해 밖으로 끌려 나오게 되었다.

TNO에 속하는 에리스와 명왕성은 질량이 각각 태양계의 아홉 번째와 열 번째인 천체이고, 지름은 각각 2,325킬로미터와 2,320킬로미터다. 명왕성은 1930년에 발견되었을 당시에는 아홉 번째의 행성으로 인정받았다. 하지만 2005년에 에리스가 발견되면서 천문학계에서 행성의 정의에 대한 논의가 일어났고, 그 결과 2006년과 2008년에 에리스와 명왕성을 '왜소행성'으로 재분류하기로 결정되었다. 세레스(화성과 목성 사이에 있는 소행성대에서 가장 큰 소행성으로서, 1801년에 발견되었다)도 역시 왜소행성으로 다시 분류되었다.

2002년부터 2007년 사이에 하우메아, 마케마케, 오르쿠스, 콰오아, 세드나 같은 TNO들이 추가적으로 발견되었고, 모두 왜소행성으로 분류되었다. 이들 TNO의 이름은 모두 우리에게는 다소 생소한 문명권의 창조신화에 나오는 신들의 이름을 따서 붙여졌다.

3초 폭발
왜소행성들은 주요 행성들의 어린 자손들(주위 공간에 대한 지배력이 없는 작은 닮은꼴의 모형들)이라 할 수 있다.

3분 궤도
행성들의 모양을 결정한 것은 중력이다. 즉 내부의 물질들이 중력에 눌려서 점점 제자리를 잡아가며 형태를 갖추게 되고, 스스로의 무게를 지탱하게 된 것이다. 이것은 주요 행성은 물론이고 직경이 약 560킬로미터를 넘는 왜소행성의 경우에도 해당된다. 다만, 내부 물질의 종류와 자전 속도에 따라 형태의 차이는 있다. 한편, 주요 행성들은 가까이 지나가는 물체들을 흡수하거나 쫓아내서 주변을 깨끗하게 정리하지만, 왜소행성들은 주변의 공간을 지배하지 못한다.

명왕성(과 그에 딸린 4개 위성)의 공전궤도는 이심률이 매우 크고 기울어져 있다. 그래서 해왕성보다 태양에 더 가까울 때도 있다. 이 현상은 명왕성이 내부태양계로부터 떨어져나왔다는 사실을 암시한다.

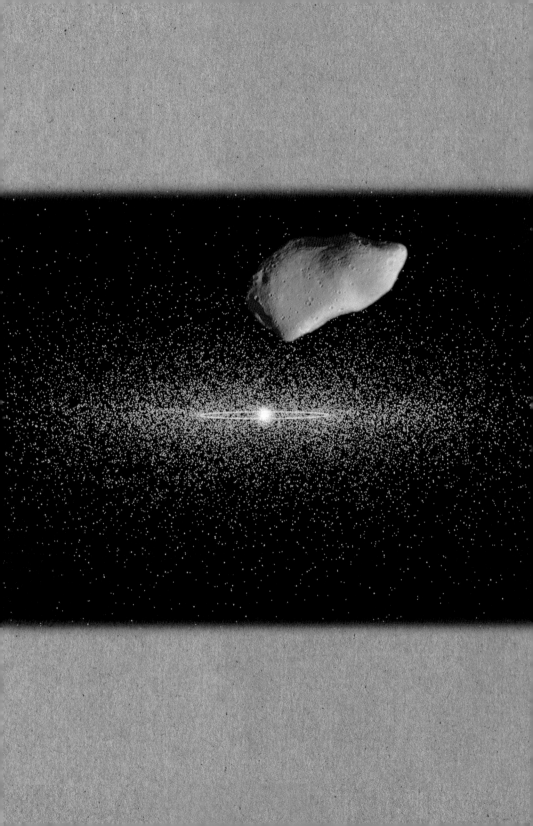

소행성

ASTEROIDS

3초 인물 소개

주세페 피아치
1746~1826
소행성 세레스를 발견한
이탈리아의 천문학자.

대니얼 커크우드
1814~1895
소행성대에 있는 '커크우
드 틈새'를 발견한 미국의
천문학자.

히라야마 기요쓰구
1874~1943
거의 같은 궤도를 도는 소
행성의 족(族)을 최초로
발견한 일본의 천문학자.

우리 태양계가 거느리고 있는 주요 행성은 단 8
개에 불과하지만, 작은 암석 덩어리인 소행성들
은 무수히 많다. 지금까지 관측된 소행성만도 수
십만 개에 이른다. 바위와 금속으로 이루어진 이
들 소행성들은 불규칙한 모양의 작은 덩어리로
부터 직경이 거의 1,000킬로미터인 왜소행성 세
레스까지 크기가 아주 다양하며, 수성의 궤도 안
쪽부터 해왕성의 궤도 밖까지 태양계 전 공간에
산재해 있다. 하지만 결국에는 주위에 있는 무거
운 행성들의 중력에 의해 끌려가며, 그 속도가
작은 경우에는 행성과 충돌하게 되고 속도가 큰
경우에는 멀리 날아가버린다.

화성과 목성 사이에는 소행성들이 모여 있는
소행성대가 있다. 소행성대라고는 하지만 소행
성들 사이의 공간이 매우 커서 서로 간의 충돌은
거의 일어나지 않으며, 흔치 않은 충돌이 일어나
는 경우 이외에는 소행성들의 형태가 변하지 않
는다. 즉 45억 년 전 태양계가 형성되던 초기에
원시 행성 원반에서 떨어져나왔던 당시의 원형
이 그대로 유지되고 있다. 그래서 소행성에는 태
양계의 과거 상태에 대한 기록이 고스란히 보존
되어 있으며, 이는 망원경이나 우주탐사선을 이
용한 관측 자료, 또는 지구에 운석으로 떨어진
소행성의 잔해를 연구함으로써 알아낼 수 있다.

30초 저자

자코리 베르타

3초 폭발

태양계에 흩어져 있는 소
행성들은 태양계의 탄생
과 진화에 대한 단서를 갖
고 있다.

3분 궤도

지구에 근접해서 지나가
는 소행성들을 NEO(지구
근접물체)라고 한다. 지구
의 생명체들을 위협할 정
도로 큰 소행성이 지구에
충돌할 가능성은 적다. 하
지만 소행성의 충돌은 대
재앙을 몰고 올 수 있기
때문에 천문학자들은 주
의 깊게 NEO들을 추적하
고 있다. 국제천문연맹의
소행성센터는 소행성 충돌
을 미리 예측하기 위해, 현
재 알려져 있는 모든 소행
성들의 자료를 수집하고
그 궤도를 계산하고 있다.

**소행성들은 그들 사이의
방대한 거리에 비하면
크기가 아주 작다.**

1473년 2월 19일
폴란드 토룬시에서 출생

1491~1495년
크라카우대학에서 수학,
천문학, 자연과학을 공부하다

1495년
대성당 참사회의 의원으로
선출되었으나, 임명이 연기되다

1496~1501년
볼로냐대학에서 교회법을 공부.
이탈리아 천문학자 도미니코
마리아 드노바라의 조교가 되다

1497년
참사회 의원으로 공식 지명되다

1501~1503년
파도바대학에서 의학을
공부하다

1503년
페라라대학에서 법학박사
학위를 받다

1503~1510년
바르미아의 대주교인 삼촌의
비서이자 주치의가 되다

1514년
자신의 태양중심이론을 제시한
최초의 짧은 논문인 『소론』을
작성하다

1512~1515년
화성, 토성과 태양을 관측하다

1532년
『천체의 회전에 관하여』의
저술을 거의 마무리했으나,
가톨릭교회의 비난이 두려워
출판을 꺼리다

1533년
요한 알브레히트
비트만슈테터가
코페르니쿠스의 이론에 대해
강의했고 교황 클레멘스
7세도 그 강의를 들었다.
주위의 간청에도 불구하고
코페르니쿠스는 여전히 책의
출판을 꺼리다

1539년
수학자인 게오르그 요하임
레티쿠스가 코페르니쿠스를
찾아와서 그의 제자이자
비서가 되다

1540년
레티쿠스가 코페르니쿠스의
이론을 개략적으로 소개하는
『첫 번째 보고서』를 출간하여
가톨릭교회의 반응을
시험해보다

1542년
레티쿠스가 『천체의
회전에 관하여』의 원고를
뉘른베르크로 가져가다

1543년
『천체의 회전에 관하여』가
출간되다

1543년 5월 24일
프라우엔부르크에서 사망

1566년
『천체의 회전에 관하여』의
개정판이 출간되다

코페르니쿠스

니콜라우스 코페르니쿠스(세상을 완전히 바꾼 사람, 최소한 태양계를 뒤집어 놓은 사람)는 그야말로 혁명적인 사람이었다. 우주의 중심은 지구가 아니라 태양이라는 그의 태양중심이론은 당시의 패러다임을 완전히 뒤집는 것이었다. 당시는 이집트의 천문학자인 프톨레마이오스(100~170)가 주창한 프톨레마이오스 체계, 즉 태양과 달과 행성들이 지구의 주위를 공전한다는 이론이 정설로 받아들여졌는데, 코페르니쿠스의 이론은 이에 정면 도전했다. 그의 이론이 정립되기까지는 오랜 세월(정확하게 알려져 있지는 않지만 1510년경에 시작된 것으로 추정된다)에 걸친 힘든 과정을 거쳤다. 그는 프톨레마이오스 체계가 갖고 있는 수학적 결함들에 대해 의문을 가졌다. 왜 행성들이 일정한 동심원의 궤도를 따라 공전하지 않을까? 대심(對心, 프톨레마이오스가 행성의 운동을 설명하기 위해 고안한 가상의 점)이라는 이론으로 천체의 궤도운동을 만족스럽게 설명할 수 없는 이유가 무엇일까? 코페르니쿠스는 이러한 의문점들의 해답을 찾기 위해 집요하게 파고들었고, 결국 지구가 아니라 태양이 태양계의 중심에 있어야만 이 문제들이 해결될 수 있다는 결론에 도달했다.

르네상스 시대의 다재다능한 박식가(다수의 언어 구사, 번역가, 수학자, 천문학자, 의사, 예술가, 경제 전문가, 외교가, 그리고 성직자)인 코페르니쿠스는 누구보다도 가족에 충실한 사람이었다. 그는 바르미아의 주교였던 외삼촌이 이끄는 대로 교육을 받고 경력을 쌓았다. 외삼촌은 코페르니쿠스가 가톨릭교회의 고위 성직자가 되기를 바랐고, 젊은 코페르니쿠스는 외삼촌의 뜻을 따랐다. 그는 크라카우대학을 졸업한 후, 폴란드 북부에 있는 프롬보르크에서 대성당의 참사회 의원으로 선출되었으며, 공부를 위해 파도바대학과 볼로냐대학, 페라라대학으로 떠난 기간을 제외하고는 이곳에서 여생을 보냈다. 그는 교회 업무와 후원자를 치료하는 데 대부분의 시간을 보냈으며, 천체 관측을 위한 시간은 틈나는 대로 짜내야 했다.

코페르니쿠스는 세 권의 천문학 책을 썼다. 첫 번째 책은 1514년 이전에 쓰인 『소론』으로 그의 태양중심체계의 가설을 설명한 40페이지 분량의 짧은 논문이다. 이 책은 그의 동료와 친구들에게만 배포되어 읽혀졌다. 두 번째는 수학자인 요한 베르너의 연구 내용을 반박하는 『베르너에 반대하는 편지』(1524)이다. 그의 가장 위대한 저서는 『천체의 회전에 관하여』이다. 이 책은 그가 세상을 떠난 해인 1543년에 출판되었다. 전해오는 이야기에 따르면, 코페르니쿠스가 혼수상태에 빠져 있었을 때 이 책의 첫 인쇄본이 나왔는데 인쇄본을 그의 손에 쥐어주자 바로 숨을 거두었다고 한다.

혜성

COMETS

3초 인물 소개

에드먼드 핼리
1656~1742
핼리혜성의 궤도를 최초로
계산한 영국의 천문학자.

얀 오르트
1900~1992
오르트 성운의 존재를 주
장한 네덜란드의 천문학자.

프레드 휘플
1906~2004
얼음 덩어리인 혜성의 핵에
'더러운 눈덩이'라는 이름
을 붙인 미국의 천문학자.

30초 저자

자코리 베르타

태양에서 멀리 떨어진 곳에는 지름이 수 킬로미
터밖에 되지 않는 얼음과 암석 덩어리가 차가운
어둠 속을 천천히 떠돌고 있다. 이 물체들은 무
기력하고 더러운 눈덩이로서 일생의 대부분을
보내다가, 서서히 태양계 안쪽으로 끌려 들어오
며 가속된다. 태양에 가까워질수록 이 물체의 표
면이 태양의 열에 의해 점점 가열되고 얼음이 증
발되어 가스체인 '코마'가 형성되는데, 그 크기
가 수만 킬로미터에 이른다. 이것이 혜성이며,
뜨거운 내부태양계로 깊숙이 들어올수록 더 많
은 내부물질들이 방출되어 긴 꼬리를 형성한다.

혜성의 꼬리는 두 가지 종류가 있다. 하나는
태양 쪽에서 반대쪽으로 퍼져나가고 있는 곡선
형태의 꼬리로서 태양빛을 반사하여 노란색을
띤다. 두 번째는 태양 반대쪽으로 수백만 킬로미
터나 곧게 뻗은 푸른색의 꼬리이며, 태양풍의 하
전입자와 혜성에서 분출된 가스의 상호작용에
의해 만들어진다.

혜성의 발원지는 오르트 성운과 카이퍼벨트
이다. 오르트 성운에서 오는 혜성은 지구로 되돌
아오는 데 긴 시간이 걸려서 인류 역사상 한 번
만 나타날 수 있다. 카이퍼벨트에서 오는 혜성은
지구로 돌아오는 주기가 짧으며, 그중 하나인 핼
리혜성의 경우 75~76년마다 지구로 돌아온다.
이런 혜성들은 태양을 여러 번 지나가는 과정에
서 휘발성 물질들이 모두 떨어져나가 결국 무기
력한 소행성이 될 수도 있다.

3초 폭발

밤하늘에서 아름답게 빛나
는 혜성은 안정된 상태로
정지되어 있는 물체가 아
니라 끊임없이 변하는 과
정에 있는 천체 현상이다.

3분 궤도

지구가 형성되는 과정에
서 발생한 거대한 충돌들
로 말미암아 물과 대기가
지구 밖으로 방출되었을
것이다. 지구의 맨틀 속에
함유되어 있는 휘발성 물
질들이 분출되어 유실된
물과 기체의 상당량을 다
시 보충했겠지만, 천문학
자들은 물이 풍부한 혜성
들의 충돌 또한 지구의 수
계 형성에 큰 도움이 되
었다고 믿고 있다. 풍부한
지표수와 대기의 방어막
이 없었다면. 지구에서 생
명체가 나타나기는 어려
웠을 것이다.

**혜성의 핵은 매우 작아서,
전체 크기의 100만분의 1에 불과하다.**

유성

METEORS

30초 저자
자코리 베르타

3초 인물 소개
루이스 앨버레즈,
1911~1988
월터 앨버레즈
1940~
거대한 운석의 충돌이 공룡을 비롯한 많은 생물종을 멸종시킨 원인이라는 증거를 밝혀낸 미국의 부자(父子) 과학자.

'유성체'는 우주공간에 떠도는 작은 물체로서, 소행성의 조각이거나 혜성의 꼬리에서 떨어져나온 암석조각, 혹은 사람들이 버린 쓰레기일 수도 있다. 유성체가 지구 가까이 오면 지구의 중력에 이끌려 대기권으로 들어오게 되며, 이때의 속도가 초속 10~70킬로미터에 달해 '유성'이 된다. 즉 공기와의 마찰 때문에 유성체의 하강 속도가 느려지고, 마찰열에 의해 온도가 발광점까지 상승하여 밤하늘을 가로지르는 백열광의 빛줄기가 되는 것이다. 유성체가 지구 대기권에서 타서 없어지지 않고 지표에 떨어지는 것이 '운석'이다.

유성은 맑은 밤하늘에서 볼 수 있는데, 멀리 사라진 혜성이 남기고 간 잔해들 속을 지구가 지나가는 경우에는 수십 개의 유성이 한꺼번에 나타난다. 이 현상을 유성우라고 하는데, 8월 초에 나타나는 페르세우스 유성우가 그런 예이다. 밤하늘에서 볼 수 있는 유성들은 대부분 크기가 대략 1센티미터인 유성체들이다. 크기가 이보다 작은 '유성진'들이 수적으로 훨씬 많으며, 많은 양의 유성진들이 지구로 내려오지만 너무 작아서 눈으로 볼 수는 없다.

아주 큰 유성은 그 수가 극히 적다. 그 예로는 6,500만 년 전인 백악기와 신생대 제3기 사이에 지름이 10킬로미터인 소행성이 지구에 충돌한 적이 있다. 이 충돌의 영향으로 공룡들이 지구상에서 멸종한 것으로 추정되고 있다.

3초 폭발
밤하늘에서 볼 수 있는 유성은 맹렬한 속도로 지구의 대기권에 뛰어든 우주공간의 쓰레기 덩어리이다.

3분 궤도
지구에 떨어진 운석은 원래의 지름이 1~10미터인 유성체로서, 손으로 직접 만져볼 수 있는 극히 드문 외계물체이다. 보통 천체 연구는 그 천체가 방출하거나 반사하는 빛의 분석을 통해 이루어지지만, 운석은 정밀한 장치를 이용하여 그 내부를 샅샅이 조사할 수 있다. 예를 들면, 방사성탄소 연대측정법으로 운석의 생성시기를 조사하여 태양계의 나이가 정확하게 45억 년임을 밝혀냈다.

혜성이 지나간 궤도에는 혜성의 잔해들이 남아 있는데, 그 속을 지구가 지나갈 때 평소보다 훨씬 많은 유성들을 볼 수 있다. 이러한 유성우 현상은 매년 반복적으로 일어난다.

별 ◑

별
용어해설

감마선 폭발 파장이 짧고 주파수가 높은 전자기파인 감마선의 섬광. 주로 초신성에서 방출된다.

거성 주계열의 별보다 훨씬 밝고 거대한 별. 전형적인 거성은 밝기가 태양의 1,000배이고, 지름은 10~100배이다. 거성보다 더 크고, 더 무겁고, 더 밝은 별들은 '초거성'과 '극대거성'이라 한다.

고리 성운 거문고자리에 있는 행성상 성운으로서, M57로도 알려져 있다. 적색거성에서 분출된 이온화된 가스로 이루어진 성운이다.

나비 성운 전갈자리에 있는 행성상 성운으로 NGC6302라고도 한다. 지구에서 3,800광년 떨어져 있으며, 거대한 가스구름이 나비의 날개를 닮아 이런 이름이 붙여졌다. 쌍성 중 죽어가는 별에서 분출된 가스구름이, 별에서 나오는 자외선에 의해 이온화되어 빛을 내고 있다.

미라 고래자리에 있는 적색거성으로 '고래자리 오미크론'이라고도 하며, 지구에서 200~400광년 사이에 있다. 팽창과 수축을 반복하는 맥동 변광성이며, 332일을 주기로 규칙적으로 밝기가 변한다.

백색왜성 적색거성이 팽창하는 과정에서 중심핵이 폭발하여 거대한 성운이 형성되고, 남은 잔해들은 수축하여 밀도가 극히 높은 백색왜성이 된다. 백색왜성은 온도가 낮고 희미한 빛을 낸다.

블랙홀 내부의 물질들이 엄청나게 압축되고 중력이 상상을 초월할 정도로 강해져서 주위에 있는 모든 것들, 심지어 빛까지도 빨아들이는 천체. 거대한 별이 일생을 마칠 때 블랙홀이 만들어진다.

성운 별과 별 사이의 공간에 있는 먼지 또는 가스구름.

신성 폭발 쌍성계의 백색왜성이 동반자인 다른 별에서 빨아들인 물질이 백색왜성의 표면에서 핵융합을 일으켜 발생하는 폭발. 이 폭발은 강도와 밝기가 초신성 폭발보다는 약하다. 신성의 영어명인 'nova'는 라틴어로 '새로운'을 뜻하는데, 보이지 않던 백색왜성이 폭발 때문에 새로운 별처럼 다시 나타나서 이런 이름이 붙여졌다.

알골 페르세우스 자리에 있는 식(蝕)쌍성. 한 별이 69시간 간격으로 다른 별을 약 10시간 동안 가린다. 이때 별 전체의 빛이 어두워지며, 육안으로도 밝기의 차이를 알아볼 수가 있다. 별빛이 변하기 때문에 많은 문명권에서 이 별을 악마와 연관짓는다. 아랍어인 알골은 '악마'를 뜻한다. 유대인들은 이 별을 '사탄의 머리'라고 부르며, 고대 그리스인들은 페르세우스가 들고 있는 악녀 고르곤의 윙크하고 있는 눈이라고 생각했다.

적색거성 청색거성보다는 질량이 작고 온도가 낮은 거성.

주계열 별 별의 색깔과 밝기의 관계를 나타낸 헤르츠스프룽-러셀(H-R) 도표 상의 주계열에 있는 별들.

중성자별 거대한 별이 핵융합 연료를 소진하고 일생을 마치는 마지막 순간 폭발(초신성)한 이후에 최종적으로 만들어지는 별로서 밀도가 극도로 높다.

청색거성 지금까지 알려져 있는 별들 중에서 가장 무겁고 뜨거운 별로서, 밝은 청색의 가시광선을 방출한다. 주로 나선형 은하 내의 별이 형성되고 있는 영역에서 관측된다.

초신성 거대한 별이 일생을 마치는 때에 일어나는 폭발. 별의 핵은 수축해서 블랙홀이나 중성자별이 된다. 초신성에는 1형과 2형이 있다. 1a라는 특정 형태의 초신성은 쌍성계의 백색왜성이 동반별의 물질을 빨아들여서 질량이 태양의 1.4배를 초과할 때 일어나는 폭발 현상이다.

초신성 잔해 초신성 폭발에 의해 만들어지는 구조. 폭발로 분출되는 별의 내부물질과 이 물질에 쓸려가는 성간물질로 구성되어 있다.

행성상 성운 적색거성에서 분출된 가스구름. 이 성운은 1785년에 독일계 영국인 천문학자인 윌리엄 허셜이 발견했는데, 거대 가스행성인 천왕성과 비슷하게 보였기 때문에 이런 이름이 붙여졌다. 사실 이 성운은 죽어가는 별을 둘러싸고 있는 가스구름이고 행성과는 전혀 관계가 없지만, 천문학자들은 여전히 이 용어를 그대로 사용하고 있다.

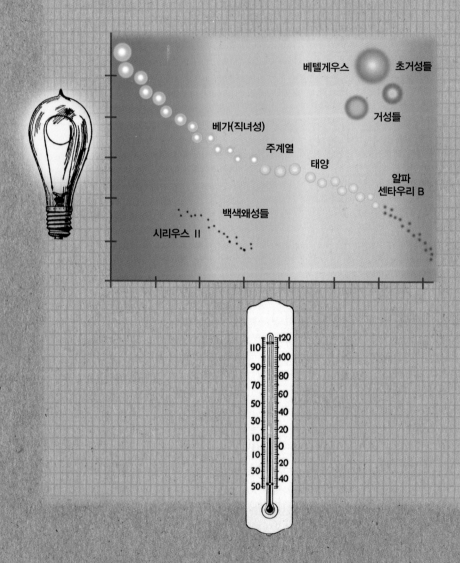

초거성들

베텔게우스

거성들

베가(직녀성)

주계열

태양

알파
센타우리 B

백색왜성들

시리우스 II

별의 색깔과 밝기

COLOR & BRIGHTNESS OF STARS

3초 인물 소개

아이나르 헤르츠스프룽
1873~1967
덴마크의 천문학자.

헨리 러셀
1877~1957
미국의 천체물리학자.

별빛의 스펙트럼은 별마다 다르다. 스펙트럼의 청색 부분이 밝은 별은 청색으로, 적색 부분이 밝은 별은 적색으로 보인다. 철을 불 속에서 달구면 온도에 따라 색깔이 변하듯이, 별의 색깔도 별 표면의 온도에 따라 달라진다. 청색 별은 가장 뜨겁고(20,000℃), 적색 별은 가장 차갑다(3,000℃ 이하).

천문학자들은 별의 색깔을 O, B, A, F, G, K, M의 일곱 가지 형태로 분류하는데, 순서는 고온에서 저온 순이다. 또한 별은 같은 색깔이더라도 밝기의 정도(광도)가 다르다. 초거성, 거성, 왜성의 순으로 광도가 떨어진다. 태양은 색깔과 밝기가 중간 정도인 G형의 왜성이다.

1910년경 천문학자인 아이나르 헤르츠스프룽과 헨리 러셀은 각자 독자적으로 별의 밝기와 표면온도의 상관관계를 연구했고, 그 결과 별의 광도(y축)와 표면온도(x축)의 관계를 나타낸 헤르츠스프룽-러셀(H-R) 도표가 만들어졌다. 대부분의 별들은 H-R 도표의 밝고 청색인 좌측 상단에서 희미하고 적색인 우측 하단에 이르는 띠 모양의 주계열에 위치한다. 그리고 질량이 무거운 별들은 H-R 도표에서 광도가 높은 부분인 위쪽에 위치하며, 질량이 가벼울수록 광도가 낮은 아래쪽에 위치한다. H-R 도표 위의 별들의 배치는 별의 표면온도뿐 아니라 별의 진화 과정과 별 내부의 정보도 알려준다.

헤르츠스프룽-러셀 도표에서 왜성들의 주계열은 대각선 방향으로 늘어서 있다. 백색왜성들은 하단 좌측에 있고, 초거성들은 상단 우측에 있다.

30초 저자
폴 머딘

3초 폭발
H-R 도표에 나타나는 별 표면의 밝기와 색깔은 별의 일생을 파악하는 데 핵심적인 요소이다.

3분 궤도
주계열에 있는 별들은 수소를 헬륨으로 바꾸는 핵융합을 통해 에너지를 발산한다. 별의 중심핵은 점점 헬륨으로 채워지고 헬륨은 다시 핵융합의 연료로 사용된다. 핵융합 연료가 소진될수록 별의 밝기는 증가하지만 온도는 낮아져서 거성이나 초거성이 된다. 초거성들은 종국적으로 폭발하여 흩어지고, 거성들은 다시 수축해서 희미한 백색왜성이 되어 조용히 어둠 속으로 사라진다.

쌍성

BINARY STARS

30초 저자
다렌 바스킬

3초 인물 소개
윌리엄 허셜
1738~1822
천왕성을 발견한 독일계
영국인 천문학자.
(87쪽 참조)

에두아르 로슈
1820~1883
쌍성 간의 역학적 상호작
용을 규명한 프랑스의 천
문학자이자 수학자.

거대한 가스구름에서 별이 생성될 때, 가스가 충분해서 2개의 별이 만들어지는 경우가 자주 있다. 천문학자들은 실제로 우리 눈에 보이는 별들의 절반가량이 짝을 이루고 있는 쌍성들이라고 추정한다. 만일 목성의 질량이 현재보다 100배 정도 컸더라면, 목성 역시 태양과 견줄 만한 별이 되었을 것이고 우리는 쌍성계에서 살고 있을 것이다.

쌍성에는 여러 형태가 있다. 두 별은 질량에 따라 상태가 아주 다를 수 있기 때문이다. 생존 기간이 짧은 무거운 별들은 비교적 젊을 때 일생을 마치고 블랙홀이나 중성자별 또는 백색왜성이 되고, 반면에 동반별은 여전히 사람의 10대에 해당하는 상태를 누리고 있는 경우도 있다. 쌍성이 서로 아주 가까워서 한 별이 다른 동반별의 물질을 계속 빼앗아 흡수하는 경우도 있다. 식(蝕)쌍성의 경우에는 두 별이 서로를 중심으로 공전하는 과정에서 한 별이 동반별을 주기적으로 가린다. 동반별이 다시 나타날 때, 식쌍성계의 구조를 알 수 있는 독특한 정보들을 얻을 수 있다.

가장 많이 알려져 있는 쌍성은 알골이다. 알골은 69시간 마다 거의 10시간 동안 밝기가 1/3 정도로 떨어진다. 두 별 중에서 희미한 별이 밝은 동반별을 가리기 때문이다.

3초 폭발
별들은 쌍으로 형성되는 경우가 많다. 우리가 밤하늘에서 보는 별들은 절반 정도가 동반별을 갖고 있다. 동반별이 희미해서 보이지 않을 뿐이다.

3분 궤도
천문학자들은 쌍성으로부터 많은 사실을 알 수 있다. 두 별의 공전속도를 관측하여 각 별의 질량을 정확하게 알 수 있고, 이를 통해 비슷한 별들의 질량을 추정할 수 있다. 또한 천문학자들은 쌍성계에 있는 블랙홀 주위를 공전하는 별들을 관측해왔는데, 그 별의 공전속도는 블랙홀의 존재를 입증할 수 있는 최상의 증거다.

옆 그림 속 쌍성계는 두 별이 아주 가까워서 태양과 비슷한 별에서 작은 동반별인 백색왜성으로 가스가 빨려 들어가고 있는 모습을 나타낸다.

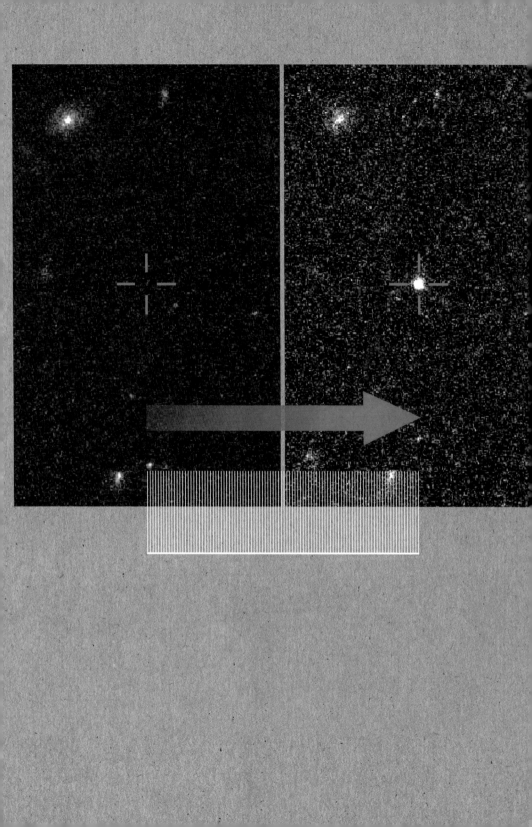

변광성

VARIABLE STARS

30초 저자
다렌 바스킬

변광성은 여러 가지 요인에 따라 밝기가 다양한 형태로 변하는 별이다. 맥동변광성은 팽창과 수축을 반복하는 별로서, 크기와 밝기가 규칙적으로 변한다. 이런 종류의 별들은 중력에 의해 수축이 이루어지는 과정에서 외부 헬륨층이 압축되어 내부에서 나오는 빛을 가로막게 되고, 이렇게 축적된 열이 다시 별 전체를 팽창시키는 것이다. 별이 팽창되면 헬륨층의 밀도가 다시 옅어져서 열이 우주공간으로 빠져나가고, 그 결과 별의 온도가 낮아져서 또다시 수축이 이루어진다. 이러한 수축과 팽창의 과정이 자체적으로 반복된다.

고래자리에 있는 미라는 대표적인 맥동변광성이다. 미라의 주기적인 밝기의 변화는 1638년에 발견되었다. 미라는 332일을 주기로 육안으로도 쉽게 볼 수 있을 만큼 밝았다가 망원경이 아니면 볼 수 없을 정도로 어두워진다.

폭발변광성들은 밝기가 급격하게 변하며 그 시기를 예측할 수가 없다. 왜소신성, 신성, 초신성이 여기에 해당된다. 왜소신성은 별을 둘러싸고 있는 가스원반에서 거대한 가스가 떨어져내려 폭발하는 현상으로 수주마다 계속 일어난다. 신성은 백색왜성의 바깥쪽 표면이 갑자기 폭발하는 현상이며, 초신성은 백색왜성이나 거성의 별 전체가 폭발하는 현상이다.

3초 인물 소개
요하네스 홀버다
1618~1651
1638년에 미라가 변광성임을 발견한 프리슬란트의 천문학자.

3초 폭발
대부분의 별들은 밝기가 변한다. 그 변화가 알아챌 수 없을 정도로 미세한 별들도 있지만, 변광성들은 밝기가 뚜렷하게 변한다.

3분 궤도
변광성은 학자들과 아마추어들의 공동연구가 가장 활발하게 이루어지고 있는 분야다. 천문학자들은 별 하나하나를 정밀하게 조사하고, 아마추어들은 하늘 전체에서 일어나는 새롭거나 특이한 현상들을 살핀다. 특이한 변광성을 발견한 아마추어가 천문학자들로 구성된 변광성 관련 기구에 이 사실을 알리면, 수 시간 내에 지구상의 가장 큰 망원경(또는 우주에 설치된 망원경)이 동원되어 그 별의 정체를 상세하게 조사하게 된다.

천문학자들은 수 시간, 수십 년 또는 그보다 훨씬 긴 기간에 걸쳐 밝기가 변하는 별들을 일상적으로 관측하고 있다. 2006년에 허블망원경에 의해 발견된 SCP O6F6는 100일 동안 일정한 비율로 밝아졌다가, 다시 100일에 걸쳐 서서히 어두워져 망각의 세계로 사라지기를 반복한다.

거성

GIANT STARS

3초 인물 소개
아이나르 헤르츠스프룽
1873~1967
덴마크의 천문학자.
(57쪽 참조)

헨리 러셀
1877~1957
미국의 천체물리학자.
(57쪽 참조)

헤르츠스프룽-러셀(H-R) 도표에 배열되어 있는 별들을 살펴보면 색깔과 밝기가 아주 다양함을 알 수 있다. 우리 태양과는 나이, 크기, 광도, 질량이 다른 종류의 별들이 많다. 그중 개수가 가장 적은 별은 거성이다.

청색거성은 가장 뜨겁고 무거운 별이다. 이들은 안쪽으로 짓누르는 중력을 버텨 내기 위해 엄청난 양의 에너지를 만들어낸다. 그래서 핵융합 연료를 빠른 속도로 소진하기 때문에 수명이 불과 수백만 년 밖에 되지 않는다. 나선 은하의 팔 부분에서 발견되는 산개성단은 최근에 탄생한 별들의 집단인데, 여기는 청색거성 특유의 밝은 푸른 빛이 가득하다.

적색거성은 청색거성보다는 상대적으로 흔하다. 적색거성은 질량이 비교적 작은 별들이 진화한 것이다. 즉 별의 중심핵에서 수소를 헬륨으로 변환하는 핵융합이 끝나면 중력에 맞설 에너지가 더 이상 분출되지 않기 때문에 중심핵이 중력에 의해 수축하기 시작하는데, 이 과정에서 내부의 온도가 상승하여 더 복잡한 핵융합이 촉발되고 에너지가 다시 분출된다. 그 결과 별의 외부 가스층이 팽창하여 광도가 증가하고, 부풀어오른 별의 표면은 온도가 낮아져서 적색 빛을 띠게 된다. 적색거성은 결국 폭발하여 행성상 성운 또는 초신성으로 일생을 마감한다.

30초 저자
앤디 파비안

3초 폭발
거성들은 크기가 태양의 10~100배이고, 밝기는 1,000배에 이른다.

3분 궤도
거성보다 훨씬 크고 밝은 별을 초거성과 극대거성이라 한다. 지금까지 알려진 가장 큰 별은 큰개자리에 있는 'VY 캐니스 메이저리스'인데, 태양보다 약 2,000배 크고 5만 배 밝은 적색 극대거성이다. 이 별을 태양계의 중심에 가져다 놓으면, 별의 표면이 목성의 궤도 너머까지 덮게 될 것이다.

'거성'이라는 용어는 단순한 과장이 아니다.
예를 들어 거성인 베텔게우스는 반지름이
태양의 약 1,200배에 달하는 진화된 별이다.

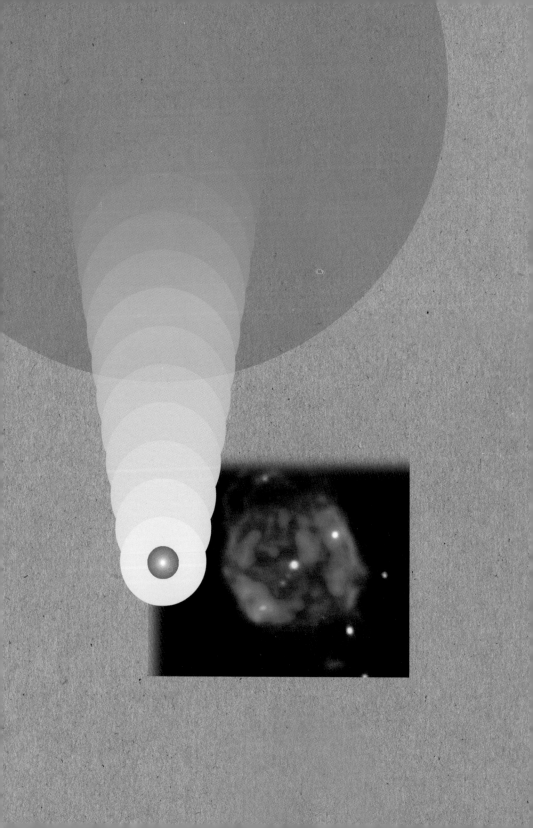

백색왜성

WHITE DWARFS

3초 인물 소개
수브라마니안
찬드라세카르
1910~1995
백색왜성을 연구한 인도
계 미국인 천체물리학자.

태양과 유사한 별들은 종국적으로 거성으로 진화하여 팽창하며, 표면의 중력이 줄어들면서 바깥쪽의 가스층이 떨어져나가 성운을 형성하게 된다. 이러한 성운들은 좌우 대칭이나 둥근 모양의 아름다운 형태를 띠는 경우가 많다. 그래서 그 모양새에 따라 이름을 짓곤 하는데, 고리 성운과 나비 성운이 그런 예이다. 성운이 형성되면 그 중앙에 있는 적색거성의 뜨거운 중심핵은 성운과 분리되고, 여기서 방출된 에너지가 성운을 가열하여 놀랄만큼 멋진 색깔이 연출된다.

중심핵의 핵융합 연료가 소진되면, 밖으로 드러나 있는 중심핵은 급속하게 냉각되어 어두워지며, 성운도 빛을 잃고 흩어져 사라진다. 타고 남은 찌꺼기인 별은 지구 크기 정도의 작고 활기가 없는 희미한 '백색왜성'이 되며, 종국에는 완전히 검은 별로 변한다.

백색왜성은 밀도가 아주 높아서 별을 붕괴시킬 수 있는 강한 중력장을 갖고 있다. 이러한 강력한 중력에 버티는 내부의 압력은 '전자 축퇴압'인데, 그 정체는 1925년에 이르러서야 양자역학에 의해 밝혀졌다. 전자라는 작은 물질에서 별을 지탱하는 강력한 힘이 나온다는 사실은 놀라운 일이다.

30초 저자
폴 머딘

3초 폭발
백색왜성은 죽은 별의 잔해이다. 우주공간에 널려 있지만, 희미하거나 보이지 않아서 관측하기가 어렵다.

3분 궤도
백색왜성 이론의 놀라운 특징은 태양의 질량의 1.4배 이하인 별의 경우에만 전자 축퇴압이 백색왜성을 효과적으로 지탱할 수 있다는 것이다. 중심핵의 질량이 이보다 큰 별이 백색왜성이 된 경우에는 붕괴하여 블랙홀이 된다.

**적색거성의 바깥쪽 가스층이 이탈해서
아름다운 성운이 되어 별을 둘러싸고 있다.
별은 작은 백색왜성으로 진화한다.**

펄서

PULSARS

3초 인물 소개

앤터니 휴이시

1924~

벨 버넬의 지도교수로 버넬과 공동으로 펄서를 발견한 영국의 전파천문학자.

조셀린 벨 버넬

1943~

펄서를 발견한 영국의 천문학자. (69쪽 참조)

백색왜성과 마찬가지로 중성자별도 타고 남은 별의 잔해이다. 별이 핵융합 연료를 소진하고 일생을 마치면서 초신성 폭발을 일으킬 때, 일부 무거운 별의 경우 강력한 중력 때문에 중심핵이 붕괴하여 밀도가 극도로 높은 중성자별이 된다. 중성자별은 질량이 태양과 비슷하지만, 지름은 15~25킬로미터에 불과하다. 그래서 중성자별의 밀도는 산 하나를 찻숟갈에 담을 수 있을 정도로 압축했을 때의 밀도에 버금간다.

중심핵은 붕괴 과정에서 엄청난 속도로 자전을 한다. 회전하는 스케이트 선수에 비유하면, 밖으로 뻗쳐진 팔이 다시 옆구리에 붙을 정도로 빠른 속도이다. 보통 별은 하루 또는 한달을 주기로 자전하지만, 중성자별로 압축된 중심핵은 자전주기가 1초보다도 짧다.

중심핵에 얽혀 있는 자기장도 엄청나게 강화된다. 자기장은 전자파를 비롯한 광역대의 복사를 빔의 형태로 우주공간에 방출한다. 별의 자전이 지구쪽 방향의 빔을 옆으로 쓸고 지나갈 때, 별은 우리에게 깜박거리는 등대불빛처럼 보이게 된다. 그래서 이러한 중성자별을 '깜박거리는 전파 별(pulsating radio star)'이라고 하며, 이를 줄여서 '펄서(pulsar)'라고 부른다.

30초 저자

폴 머딘

3초 폭발

초신성 폭발로 만들어진 펄서는 깜박거리는 전파별로 자신의 존재를 드러내는 중성자별이다.

3분 궤도

펄서가 포함되어 있는 쌍성계도 있다. 이들 중 일부는 일반 별과 중성자별로 이루어져 있고, 일부는 둘 다 중성자별이다. 아직까지 관측된 바는 없지만, 쌍성인 중성자별들은 점점 에너지를 잃고 서로 접근하며, 결국 거대한 폭발과 함께 합쳐져서 감마선 폭발을 일으키며 블랙홀이 된다.

초신성 잔해인 게성운.
작고 밀도가 높은 펄서가 중심부의 가스에
에너지를 공급하여 소용돌이를 일으키고 있다.

1943년 7월 15일
벨파스트에서 출생

1954년
잉글랜드의 요크셔 소재 퀘이커 스쿨에서 공부하다

1965년
스코틀랜드 소재 글래스고대학교 물리학과를 졸업하다

1967년
후일에 CP1919로 명명된 최초의 펄서를 처음으로 관측하다

1968년
펄서라는 용어를 최초로 사용하다

1969년
잉글랜드의 케임브리지대학에서 박사학위를 취득하다

1974년
앤터니 휴이시와 마틴 라일이 노벨 물리학상을 공동 수상. 벨 버넬은 수상자에서 제외되다

1978년
로버트 오펜하이머 기념상을 수상하다

1979년
《코스믹 서치 매거진》에 '녹색 난장이, 백색왜성인가? 펄서인가?'를 게재하다

1987년
미국천문학회로부터 베어트리스 M. 틴슬리상을 수상하다

1989년
영국 왕립천문학회로부터 허셜 메달을 수상하다

1991년
오픈대학의 물리학 교수와 프린스턴대학의 초빙교수로 재직하다

1999년
천문학에 기여한 공로를 인정받아 대영제국 훈장 CBE와 기사작위를 수여받다

2001~2004년
바스대학교의 과학대학 학장으로 재직하다

2002~2004년
영국 왕립천문학회 회장으로 재직하다

2003년
영국 왕립학회 회원이 되다

2008년
영국 왕실로부터 남자의 기사작위에 해당하는 데임(Dame) 칭호를 수여받다

2008~2010년
영국 물리학연구소 최초의 여성 소장으로 재직하다

조셀린 벨 버넬

수잔 조셀린 벨은 1943년에 북아일랜드 벨파스트에 있는 퀘이커교 가정에서 태어났다. 열한 살이 되던 해, 그녀는 문법학교에 입학하려 했으나 입학자격을 인정받지 못해 실패했다. 문법학교는 당시 학업능력이 우수한 아이들에게 입학이 허용되는 영국의 공립학교였다. 그녀는 이 실패로 좌절감을 맛보았다. 하지만 이 경험은 그녀가 후일 여성으로서 힘들고 외로웠던 시절에도 꿋꿋하게 천문학 연구를 계속해나가는 데 큰 힘이 되었다고 한다.

벨은 케임브리지대학교에서 앤터니 휴이시 교수의 지도하에 박사학위 과정을 밟던 중, 우주에 대한 우리의 생각을 바꾸어놓은 큰 발견을 이루었다. 대학원생인 그녀는 대학교 내 뮬러드 전파천문대에 있는 1.6헥타르의 거대한 전파망원경을 관리하며, 망원경을 통해 취득한 엄청난 양의 관측 자료를 24시간마다 해석하는 일을 맡고 있었다. 그러던 중 1967년 11월에 관측 자료에서 이상한 신호를 발견했다. 이 신호는 너무 작아서 놓치기가 쉬웠지만, 버넬은 계속 추적해나갔다. 결국 이것은 당시까지 관측된 적이 없는 깜박이는 별('펄서')로 확인되었고, 나중에 CP1919로 명명되었다. 이 발견은 천문학계를 전율케 했으며, '녹색 난장이'라는 익살스러운 이름으로 불리기도 했다. 규칙적으로 깜박이는 전자파는 '먼 외계에 있는 누군가'가 우주공간으로 보내는 신호라는 설명이 제기되었기 때문이다. 결국 펄서는 규칙적으로 전자파를 방출하고 있는 중성자별이라는 결론이 내려졌다. 벨(1968년 마틴 버넬과의 결혼 이후에는 조셀린 벨 버넬)은 3개의 펄서를 추가로 발견했고, 천체물리학의 완전히 새로운 분야를 개척했다.

벨 버넬의 이름은 이 놀라운 발견과 떼려야 뗄 수 없는 관계지만, 정작 논란은 천체물리학계 밖에서 일어났으며 아직도 해결되지 않고 있다. 펄서의 발견을 공표하는 논문에는 벨 버넬의 이름이 두 번째로 올라 있었지만, 노벨상은 휴이시 교수와 연구팀장이었던 마틴 라일에게 돌아갔고 벨 버넬에 대해서는 아무런 언급이 없었다. 누구도 하기 싫어하는 일을 대부분 떠맡는 연구 보조원들의 업적을 인정하지 않는 경우는 거의 없다. 펄서의 발견은 오로지 벨 버넬의 끈기와 세심한 주의력에 의해 이루어졌다. 그래서 노벨상 수상대상에서 그녀가 누락된 것은 문제가 있다는 것을 많은 사람들이 인정하고 있으며, 프레드 호일경은 버넬의 공적을 특별히 옹호한 바 있다.

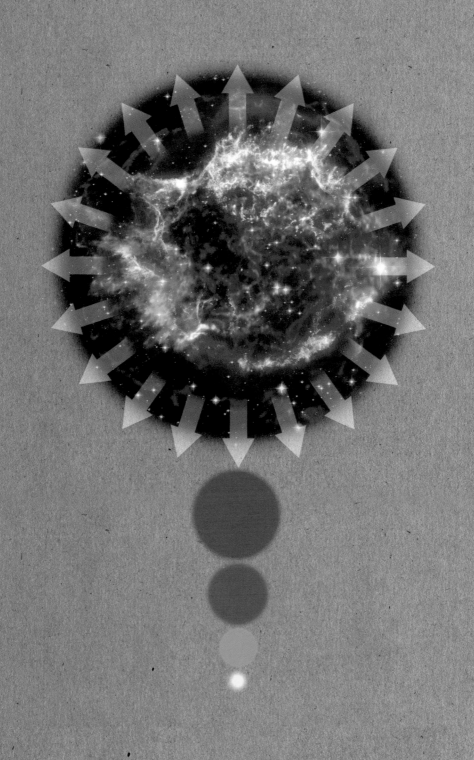

초신성

SUPERNOVAE

3초 인물 소개

윌리엄 파울러
1911~1995
별에서의 원소 합성에 대
해 연구한 미국의 천체물
리학자.

프레드 호일
1915~2001
정상우주론을 주창한 영
국의 천문학자.

마거릿 버비지,
1919~
제프리 버비지
1925~2010
핵융합에 의한 원소 합성
에 대해 연구한 영국계 미
국인 부부 천문학자.

30초 저자
앤디 파비안

거대한 별들은 진화의 마지막 단계에 이르면 핵
융합에 의해 중심핵 깊은 곳에서 점점 더 무거운
원자를 만들어내며 에너지를 방출한다. 질량이
태양의 8배가 넘는 별들의 경우 철을 만들어내
는 핵융합이 마지막 과정이며, 이 과정이 끝나면
더 이상 에너지는 방출되지 않는다. 핵융합 연료
가 갑자기 고갈되는 순간, 별은 중력에 의해 수
축한다. 이 과정에서 내부의 밀도와 온도가 엄청
나게 증가하고 막대한 에너지가 방출되어 거대
한 초신성 폭발이 일어난다. 이 순간 별은 그 별
이 속한 은하 내의 모든 별들을 합친 것보다 더
밝게 빛난다.

별의 중심핵은 붕괴하여 중성자별이나 블랙
홀이 되고, 나머지 부분은 산산조각이 나서 흩어
진다. 폭발에 의해 밖으로 튕겨져 나가는 뜨거운
파편들이 초속 약 1만 5,000미터의 속도로 성간
가스들을 휩쓸고 지나간다. 이 물질들은 꽃실과
같은 구조로 뭉쳐지는데 이것이 초신성 잔해이
다. 그리고 폭발 과정에서 홍수처럼 밀려나온 중
성자들에 의해 무거운 원소들이 생성된다. 중심
핵에서 핵융합에 의해 생성된 원소들도 폭발에
의해 방출된다. 이러한 원소들이 주위의 가스,
먼지 구름들과 뒤섞여서 여기서 장차 새로운 별
과 행성들이 탄생하는 재순환의 과정이 이루어
진다.

3초 폭발
무거운 별들은 우주 내에
서 가장 거대한 폭발의 하
나인 초신성 폭발로 일생
을 마친다.

3분 궤도
초신성 폭발의 또 다른 형
태는 쌍성계의 백색왜성
이 큰 동반별에서 계속 물
질을 빨아들이는 경우에
일어난다. 백색왜성의 질
량이 임계치인 태양의 1.4
배를 초과하면 폭발이 일
어나 1a형의 초신성이 된
다. 하지만 이러한 초신성
폭발은 드문 현상이다. 보
통의 은하에서는 1세기에
한 번 정도 일어나는 것으
로 추정되고 있다.

거성은 초신성 폭발로 일생을 마감하며,
빠른 속도로 팽창하는 뜨거운 가스에 둘러싸인
중성자별 또는 블랙홀을 남긴다.

블랙홀

BLACK HOLES

3초 인물 소개

존 미첼
1724~1793
블랙홀의 존재를 최초로 제기한 영국의 철학자.

카를 슈바르츠실트
1873~1916
블랙홀을 기술하는 아인슈타인의 일반상대성이론의 방정식을 푼 독일의 물리학자.

블랙홀의 존재는 18세기의 영국의 철학자인 존 미첼이 처음 제기했다. 1783년에 그는 질량이 아주 크고 중력이 너무 강해서 아무것(빛조차)도 빠져나올 수 없는 별들이 존재할 수도 있다고 생각했다. 미첼은 이런 별을 검은 별이라고 불렀는데, 블랙홀을 잘 묘사한 이름이었다.

이제 우리는 블랙홀의 존재는 물론이고, 그 크기가 여러 종류라는 사실도 알고 있다. 항성 블랙홀은 태양 10개에 해당하는 질량이 런던 크기로 압축된 것으로, 은하수에서 수십 개가 발견되었다. 초대질량 블랙홀은 태양의 100만 배~100억 배에 달하는 질량을 갖고 있으며, 우리 은하를 포함해서 많은 은하의 중심부에서 발견된다. 중간질량 블랙홀은 항성 블랙홀과 초대질량 블랙홀의 중간급 질량을 갖고 있다.

블랙홀은 엄청나게 강한 중력으로 유명해졌지만, 그 효과는 바짝 접근했을 때에만 나타난다. 가령 어떤 물체가 블랙홀에 근접하면, 블랙홀에 가까운 부분과 먼 부분의 중력 차이가 아주 크기 때문에 물체가 길고 가는 실처럼 늘어날 것이다. 소위 스파게티 가락처럼 된다. 다행히 우리에게서 가장 가까운 블랙홀조차도 3,000광년 이상 떨어져 있다.

30초 저자

다렌 바스킬

3초 폭발

블랙홀은 물질들이 극도로 압축되어 있는 영역으로서 중력이 믿을 수 없을 정도로 강력하여 주위에 있는 모든 것들을 빨아들인다.

3분 궤도

어두운 우주공간에서 검은 별을 찾기란 여간 어려운 일이 아니다. 천문학자들은 블랙홀을 직접 찾는 대신 주위에서 나타나는 현상을 통해 그 위치를 확인한다. 블랙홀은 주위에 있는 별로부터 물질들을 빨아들이며, 이 물질들은 가열되어 X선을 방출한다. 또한 블랙홀 주위를 도는 별의 공전속도를 관측하여 두 천체의 질량을 계산할 수 있다. 이 단서들을 통해 블랙홀의 존재를 간접적으로 확인한다.

블랙홀 근처에 있는 별은 블랙홀의 막강한 중력장의 영향을 받아 스파게티 가락처럼 납작하고 길게 늘어난다.

은하수

은하수
용어해설

구상성단 중력에 의해 공 모양으로 뭉쳐져 있는 별의 집단. 은하수 은하에는 150~160개의 구상성단이 있으며, 은하의 핵을 중심으로 공전하고 있다. 대부분 은하 내의 늙은 별들로 구성되어 있다.

나선 은하 부풀어오른 중심부에서 나선형의 팔들이 뻗어나와 있는 형태의 은하. 별과 가스, 먼지로 구성되어 있으며, 자전하는 원반 형태의 구조를 갖고 있다.

렌즈형 은하 중앙에 별이 모여 볼록(중앙팽대부)한 원반 형태의 은하. 중심부는 나선 은하와 비슷하나, 나선팔이 거의 없다.

산개성단 중력에 의해 불규칙한 모양으로 느슨하게 묶여 있는 별의 집단. 은하의 핵을 중심으로 공전한다. 플레이아데스 성단이 산개성단의 대표적인 예이다. 우리 은하에는 1,100개가 넘는 산개성단이 있는 것으로 추정된다.

산광성운 별과 별 사이의 공간에 있는 밀도가 아주 높은 구름. 이곳에서 별이 탄생된다.

삼각형자리 은하 삼각형자리에 있는 나선 은하로 M33 또는 '바람개비 은하'라고도 한다. 은하수 은하(우리 은하), 안드로메다 은하와 함께 국부은하군에 속하며, 지구에서 300만 광년 떨어져 있다. 날씨가 좋을 때는 육안으로도 볼 수 있으며, 망원경 없이 관측할 수 있는 가장 먼 천체 중 하나이다.

성간물질 은하 내의 별들 사이의 공간을 채우고 있는 물질. ISM이라고도 하며, 주로 가스와 먼지이다. 이 물질들로부터 별이 만들어지며, 별이 생성될 때 나오는 빛이 주위의 가스원자들을 가열하기 때문에 새로운 별 주위에서 담홍색 성운이 관측된다.

성운 우주공간에 있는 먼지나 가스구름. 발광성운은 근처의 별에서 나오는 자외선이 성운 내부의 가스입자를 가열하여 빛을 내기 때문에 볼 수 있고, 반사성운은 별이나 별의 무리에서 나오는 빛을 반사하기 때문에 보인다. 암흑성운은 뒤쪽에 있는 별이나 별의 무리에서 나오는 빛을 차단하기 때문에 확인 가능하다.

안드로메다 은하 우리 은하(은하수 은하)의 위성이라고 할 수 있는 '동반 은하'인 마젤란 은하를 제외하면 가장 가까이 있는 은하로서 M31이라고도 한다. 안드로메다 자리에 있는 나선형 은하이며, 우리 은하에서 250만 광년 떨어져 있고 1조 개의 별들을 포함하고 있다.

오리온 성운 오리온 자리 허리띠 남쪽에 위치한 밝은 성운으로, 13광년에 걸쳐 넓게 퍼져 있다. M42라고도 불린다.

은하 별과 먼지구름, 성간매질의 가스, 암흑물질들이 중력에 의해 서로 묶여 있는 소우주.

처녀자리 은하단 처녀자리에 있는 은하의 집단. 최대 2,000의 은하가 모여 있으며, 훨씬 더 큰 처녀자리 초은하단의 중심부에 위치해 있다. 은하수 은하와 안드로메다 은하가 속하는 국부은하군은 처녀자리 초은하단의 일원으로서 처녀자리 은하단을 중심으로 공전하고 있다.

케페이드 변광성 수축과 팽창을 반복하는 맥동변광성의 일종. 질량이 태양의 5~20배인 별들은 내부 압력에 의해 팽창했다가 팽창 이후 압력이 낮아져서 다시 수축한다. 케페이드 변광성은 광도와 변광주기의 관계가 아주 정확해서 외부은하들의 거리 측정에 이용되고 있다.

타원 은하 타원체 형태의 은하. 1936년에 미국의 천문학자인 에드윈 허블이 분류한 세 종류의 은하 중 하나. 나머지는 렌즈형 은하와 나선 은하이다.

폭발적 항성생성 별이 생성되는 비율이 높은 구역 또는 기간. 별이 생성되는 속도가 정상적인 별보다 100배 빠르다.

표준촉광 광도가 알려진 천체로서, 그 천체가 속한 다른 천체까지의 거리를 측정하는 데 사용된다. 케페이드 변광성이 표준촉광으로 사용되고 있다.

플레이아데스 성단 M45라고도 불리는 별의 집단. M45는 18세기 프랑스 천문학자인 샤를 메시에가 만든 성운의 목록에서 45번째 성운이라는 뜻이다. 이 성단은 지구에서 425광년 떨어져 있으며, 수백 개의 별로 구성되어 있다. 하지만 육안으로는 몇 개의 별만 볼 수 있으며, 이 밝고 푸른 별들은 '칠자매'로 불리기도 한다.

혜성 코마와 꼬리를 가진 차가운 천체. 태양 주위를 공전하며 태양에 가까이 올 때 보인다. 꼬리는 태양 반대쪽으로 뻗어 있고, 혜성의 대기인 코마는 혜성의 진행 방향으로 둥글게 부풀어올라 있다.

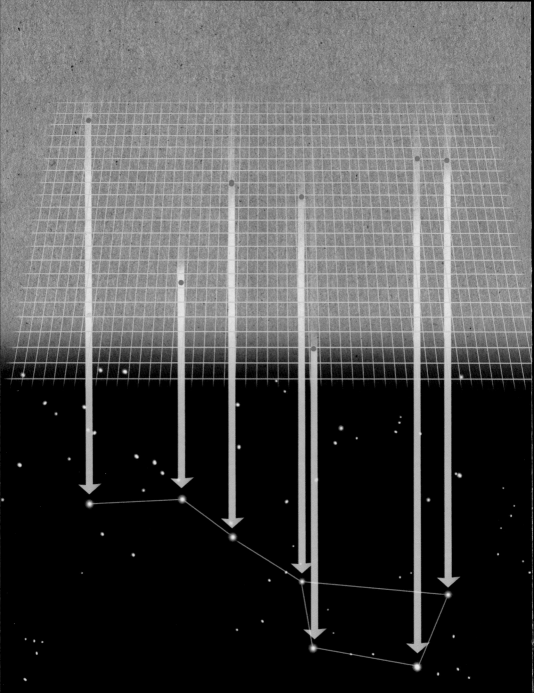

별자리

CONSTELLATIONS

30초 저자
프랑수아 프레신

3초 인물 소개
클라디오스 프톨레마이오스
100~170
천동설을 주장한 이집트의 천문학자.

니콜라 루이 드 라카유
1713~1762
1만 개의 별의 목록을 만든 프랑스의 천문학자.

각 별자리에 있는 별들은 지구에서 볼 때 우연히 같은 시선 방향에 놓여 있을 뿐이며, 실제로 서로 물리적인 상관관계가 있는 경우는 아주 드물다. 공인된 별자리는 아니지만, 별자리 주위에 우리가 쉽게 알 수 있는 모양으로 배열되어 있는 별의 무리를 '성군(星群)'이라 한다. 예를 들어 '북두칠성'이라는 성군은 큰곰자리에 있는 일곱 개의 밝은 별들로 이루어져 있다. 대다수의 별자리는 2세기에 이집트 천문학자였던 클라디오스 프톨레마이오스가 저술한 천문학 서적인 『알마게스트』에서 그 이름을 땄다.

별은 고정되어 있지만 지구의 자전 때문에 지구의 관측자에게는 움직이는 것처럼 보이는데 이를 별의 겉보기 운동이라고 한다. 즉 별들은 북극성을 향하고 있는 지구의 자전축을 중심으로 원을 그리며 돈다. 태양 주위를 공전하는 지구를 비롯한 행성들의 공전궤도는 모두 거의 같은 평면 위에 있고, 공전의 방향도 시계반대방향으로서 모두 같다. 그래서 지구의 관측자에게는 태양과 행성들이 모두 천구 상의 좁은 띠를 따라 지구 주위를 도는 것처럼 보이는데, 이 띠를 황도라고 한다. 황도의 배경을 이루고 있는 별들은 고정되어 있으며, 황도가 지나가는 자리에는 13개의 별자리가 있다. 이를 황도별자리라고 한다.

3초 폭발
천구는 88개의 별자리(사람들이 쉽게 알아볼 수 있는 별들의 배열 형태)로 구역이 나뉘어 있다.

3분 궤도
수많은 사람들이 행성의 위치나 달의 위상, '12궁'(약 2,000년 전에 고대인들이 이름을 붙인 12개의 황도별자리) 중에서 출생 시에 태양이 위치한 별자리에 의해 자신들의 인생이 영향을 받는다고 믿고 있다. 하지만 천체와 관련된 중력, 빛 같은 물리적 특성이 사람에게 영향을 미친다는 증거는 전혀 없다.

큰곰자리의 '북두칠성'을 구성하고 있는 일곱 개의 별들은 서로 물리적으로 아무런 상관이 없으며, 지구에서 떨어져 있는 거리도 각각 다르다.

차가운 가스구름

가열된 가스

젊은 별로 구성된 성단

분자구름과 성운

MOLECULAR CLOUDS & NEBULAE

3초 인물 소개

바트 복

1906~1983
성운 연구로 잘 알려진 독일계 미국인 천문학자.

별과 별 사이의 우주공간도 완전히 비어 있지는 않다. 가스 원자와 분자들이 여기저기 흩어져 성간물질을 이루고 있다. 은하수 내에 존재하는 성간 가스의 총 질량은 별들 속에 들어 있는 가스 질량의 1/10에 불과하지만, 서로 응집되어 은하의 나선팔을 뒤덮을 정도로 거대한 구름을 형성하고 있다.

절대온도 단위로 수십에서 수백 도 정도의 낮은 온도에서는 구름 속의 물질들이 대부분 중성의 수소원자 형태로 존재하며, 이 상태에서는 가시광선이 투과되기 때문에 구름의 모습을 볼 수가 없다. 그런데 일생을 마치는 별이 초신성 폭발을 일으켜서 별의 중심부로부터 핵융합의 산물인 탄소, 산소, 철과 같은 무거운 원소들이 방출되어 성간의 구름들을 강타하면, 구름 내부에 밀도가 높은 분자구름이 형성되어 새로운 별이 탄생될 수 있는 이상적인 조건이 갖추어진다.

성간물질로부터 탄생된 새로운 별은 주위의 가스구름으로 강력한 에너지를 쏟아내고, 구름 속의 가스원자들을 가열하여 빛을 내게 한다. 이것이 젊고 푸른 성단들을 둘러싸고 있는 선명한 담홍색의 성운들이며, 은하의 나선팔 곳곳에서 찾아볼 수 있다.

30초 저자

캐롤린 크로포드

3초 폭발

성간의 가스구름은 새로운 별(그리고 별이 거느리고 있는 행성계에 살고 있을 생명체)의 탄생장소이다.

3분 궤도

작고 단단한 먼지 입자들이 가스와 혼합되어 성운 내에 밀도가 높고 빛이 통과되지 않는 불투명한 구름을 형성한다. 먼지가 이러한 구름의 중심부로 들어오는 열과 빛을 차단하여 온도가 절대온도 십도 이하로 급격하게 떨어지고, 원자들은 분자로 합성된다. 이렇게 형성된 분자구름은 크기가 보통 3~50광년이며, 태양의 질량의 1,000배에 달하는 물질들이 들어 있다.

우주공간에 넓게 퍼져 있는 차가운 가스구름 속의
가스원자들은 새로 탄생한 근처의 성단에 의해
가열되어 가시광선을 방출한다.
이때부터 가스구름은 성운으로
그 모습을 드러낸다.

메시에 목록

MESSIER OBJECTS

MESSIER OBJECTS

3초 인물 소개
에드먼드 핼리
1656~1742
핼리혜성의 궤도를 최초로
계산한 영국의 천문학자.

샤를 메시에
1730~1817
프랑스의 천문학자.

30초 저자
캐롤린 크로포드

3초 폭발
18세기 프랑스의 천문학자였던 샤를 메시에는 성운들의 목록을 만들었으며, 여기에는 하늘에서 가장 흥미로운 천체들이 다수 수록되어 있다.

3분 궤도
메시에 목록은 가장 가깝고 잘 알려진 천체들이다. 메시에가 사용한 망원경은 오늘날 쉽게 구할 수 있는 간단한 장치여서, 그의 목록은 아마추어 천문가들이 관측하기에 적합한 천체들을 모아놓은 것이라 할 수 있다. 하룻밤 사이에 가능한 많은 메시에 목록을 관측하려는 시도를 '메시에 마라톤'이라고 하는데, 한 사람이 메시에 목록 전부를 관측할 수 있는 곳은 늦봄의 북반구 저위도 지역뿐이다.

샤를 메시에는 망원경으로 새로운 혜성을 찾아내는 일에 평생을 바친 최초의 '혜성 사냥꾼' 중 한 사람이었다. 당시 그의 망원경으로는 새로운 혜성들이 모두 희미하게 퍼져 있는 빛의 반점으로만 보여서, 혜성인지 아닌지를 밝히기 위해서는 하늘에 고정되어 있는 별들과 비교하여 그 천체의 운동 여부를 매일 관측해야 했다. 메시에는 관측 과정에서 혜성과는 달리 위치가 변하지 않는 희미한 천체들을 혜성으로 착각하는 경우가 많았다. 그래서 이러한 혼동을 막기 위해 혜성으로 착각할 수 있는 성운들의 목록을 만들었다.

메시에 목록에는 새로 발견된 천체들이 많이 수록되어 있는데, 그중에는 오리온 성운, 플레이아데스 성단처럼 육안으로도 볼 수 있는 천체들도 있다. 또한 에드먼드 핼리를 비롯한 다른 천문학자들이 발견한 천체들도 수록되어 있다. 아이러니하게도 메시에는 그가 발견한 혜성들보다는 혜성이 아닌 천체들의 목록을 만든 것으로 더 유명하다.

오늘날의 메시에 목록에는 구상성단, 산개성단에서부터 초신성 잔해, 행성상 성운, 별의 탄생장소인 산광성운까지 110개의 다양한 천체들이 수록되어 있다. 이 목록에는 당초 성운으로 오인되었다가 나중에 은하로 밝혀진 40개의 은하가 포함되어 있으며, 그중 16개의 은하는 처녀자리 은하단에 속한다.

**혜성 사냥꾼인 샤를 메시에는
밤하늘에서 가장 밝고 잘 알려져 있는
천체들의 목록을 만들었다.**

은하수

THE MILKY WAY

3초 인물 소개

허버 커티스
1872~1942
안드로메다 성운이 외부
은하라고 주장하며, 할로
섀플리와 우주의 크기에
대한 논쟁을 벌였던 미국
의 천문학자.

할로 섀플리
1885~1972
허버 커티스의 의견에 반
대하여 논쟁을 벌인 미국
의 천문학자.

얀 오르트
1900~1992
오르트 성운의 존재를 주
장한 네덜란드의 천문학자.

30초 저자
캐롤린 크로포드

육안으로 볼 수 있는 대부분의 별들은 우리 은하
인 은하수에 있는 별들이다. 우리 은하는 길이가
10만 광년인 원반 모양이며, 밤하늘을 가로지르
는 별들의 띠인 은하수는 측면에서 바라본 우리
은하의 모습이다. 푸른 별들의 성단들, 빛나는
성운들, 그리고 먼지로 채워진 어두운 공간들이
은하수 은하의 나선팔을 따라 늘어서 있다. 태양
은 이 원반의 중심과 가장자리 사이의 중간 지점
에 위치해 있다.

둥글게 부풀어오른 은하의 중심부에는 늙은
별들이 모여 있으며, 그 중심에는 태양의 400만
배의 질량을 가진 엄청나게 무거운 블랙홀이 자
리를 잡고 있다. 태양은 원반 내의 다른 별들과
나란히 은하의 중심 주위를 공전하고 있으며, 그
속도는 초속 220킬로미터에 달한다. 은하 중심
주위를 한바퀴 도는 데에는 2억 4,000만 년이 걸
린다.

은하의 바깥쪽에 있는 별들은 은하의 중력으
로 붙잡아둘 수 없을 정도로 공전속도가 빠르다.
하지만 예상과는 달리 이 별들은 은하 주위의 공
전궤도를 이탈하지 않고 있다. 이 사실은 우리
가 관측하는 별과 가스 이외에 다른 물질들이 은
하 내에 존재하여 추가적인 중력을 내고 있음을
의미한다. 이것이 바로 '암흑물질'이 존재한다는
증거이다.

3초 폭발
태양은 은하수 은하라는
거대한 나선 은하에 들어
있는 1,000억 개의 별들
중 하나에 불과하다.

3분 궤도
은하수 은하는 약 30개
의 은하들로 구성된 '국
부은하군'에 속한다. 안드
로메다 은하, 삼각형자리
의 나선 은하와 많은 왜소
은하들이 여기에 속하며,
이 은하들은 서로를 중심
으로 공전하고 있다. 우리
은하는 약 250만 광년 떨
어져 있는 쌍둥이 은하인
안드로메다 은하쪽으로
중력에 의해 계속 끌려가
고 있으며, 두 은하는 약
60억 년 후에 서로 합쳐
져서 훨씬 큰 새로운 은하
가 될 것으로 추정된다.

**태양계는 우리 은하인 은하수 은하의
나선팔에 위치해 있다.**

1738년 11월 15일
독일 하노버에서 출생

1757년
영국으로 이민 가다

1766년
바스에 있는 옥타곤 예배당의
오르간 연주자가 되다

1774년
망원경 제작과 밤하늘 관측을
시작하여 오리온 성운을
관측하다

1780년
바스 오케스트라의 지휘자가
되다

1781년
왕립학회 회원으로 선출되다

1781년 3월 13일
후에 천왕성으로 명명된 천체를
발견하다

1782년
왕실 천문학자가 되기 위해
음악을 포기하다

1782년
메시에 목록의 천체들을
관측하고, 토성 성운을
발견하다

1783년
체계적인 밤하늘 조사를
시작하다

1783~1802년
약 2,500개의 새로운 성운과
성단을 관측하여 목록을 만들다

1783년
태양계가 우주공간에서
이동한다는 이론인
태양운동의 근거가 되는
관측 자료들을 발표하다

1789년
자신의 망원경 중 가장 큰
망원경(구경 1.2미터)을
제작하다

1800년
적외선을 발견하다

1802년
나폴레옹 보나파르트와 샤를
메시에를 만나다

1802년
『500개의 새로운 성운, 성운상
별, 행성상 성운, 성단의 목록:
천계의 구조에 대한 설명』을
출간하다. 이중성의 일부가
서로를 중심으로 공전하는
쌍성계라는 이론을 제시하다

1803년
『최근 25년간 일어난 이중성의
상대적 위치 변화에 대한 설명:
이중성의 상관적 관계의 원인에
대한 연구』를 출간하다

1820년
런던 천문학회를 공동
설립했고, 이 학회는 1931년
왕실 칙허장을 받다

1822년 8월 25일
버크셔주(州) 슬라우에서 사망

윌리엄 허셜

프레드릭 빌헬름 허셜은 현대 항성천문학의 기초를 세운 사람이다. 그는 쌍성계를 발견했고, 태양계 자체가 우주공간에서 이동한다는 사실을 처음으로 알아냈다. 하지만 놀랍게도 그는 정식으로 천문학 교육을 받은 천문학자가 아니었다. 허셜은 하노버의 음악가 집안에서 태어났다. 19세 되던 해에 형인 제이콥과 함께 영국으로 이주했고, 오보에, 첼로, 하프시코드, 바이올린과 오르간을 연주하고 가르치며 4년을 보냈다. 1766년 이름을 영국식인 윌리엄 허셜로 바꾼 그는 바스에 있는 옥타곤 예배당의 오르간 연주자가 되어 음악가로서 자리를 잡았으며, 24곡의 교향곡을 작곡했다. 허셜이 밤하늘을 관찰하기 시작한 것은 35세가 되던 해부터였다. 영국의 수학자였던 로버트 스미스의 저서인 『화성학』(1749)에 음악적 관심을 가졌던 그는 스미스의 또 다른 저서인 『광학의 완전한 체계』(1738)를 접하게 되었고, 이때부터 렌즈와 망원경에 빠져들게 되었다. 허셜은 당시의 뉴턴식 반사망원경을 획기적으로 개량하여 순식간에 망원경 제작자로서 명성을 얻었다. 그는 400개가 넘는 망원경 모델을 개발하여 판매했으며, 이는 수입이 좋은 부업이 되었다. 스코틀랜드의 천문학자인 제임스 퍼거슨의 책 『아이작 뉴턴 경의 원리에 입각한 천문학 설명』을 읽은 후부터 그는 자신의 망원경을 통해 밤하늘을 관측하며 긴 겨울밤을 보냈다. 음악가에서 당대의

가장 비중 있는 천문학자로 변신한 것이다.

허셜은 여동생인 캐롤라인(독자적으로 8개의 혜성과 4개 이상의 성운을 발견)의 도움을 받아 세심하게 관측한 성운, 성단, 별과 먼 하늘의 천체들의 목록을 만들었다. 이 일은 관측 자료를 계속 보완하고, 비교하고, 정리하는 매우 힘든 작업이다. 허셜은 25년에 걸쳐 2,500개가 넘는 천체들의 목록을 만들었으며, 이는 오늘날에도 여전히 사용되고 있다. 또한 그는 800개의 쌍성들을 관측했고 이들이 중력에 의해 서로 공전하고 있다는 이론을 제시했으며, 태양계가 헤라클레스자리의 λ(람다) 별을 향해 움직이고 있다는 사실도 알아냈다. 그리고 1781년 3월의 어느날 밤 그는 현재 천왕성으로 알려져 있는 천체를 발견했으며, 영국 하노버왕조의 왕이었던 조지 3세의 이름을 따서 '조지의 별'이라고 불렀다.

이 밖에는 허셜의 업적은 수없이 많다. 1787년에 천왕성의 두 위성(티타니아와 오베론)과 토성의 두 위성(미마스와 엔켈라두스)을 발견했고, 은하수가 원반 형태임을 입증했다. 그리고 여러 가지 렌즈와 필터를 사용하여 태양을 연구하는 과정에서 적외선을 발견했다.

외부 은하들

THE OTHER GALAXIES

30초 저자
캐롤린 크로포드

오랜 전에 관측된 성운들 중에는 신기하게도 나선구조를 가진 것들이 있었지만, 이들이 우리 은하인 은하수에 속하는 천체인지는 분명하지 않았다. 이를 두고 천문학자들 간에 우주의 크기에 대한 대논쟁이 벌어지기도 했다. 1920대 초에 이르러서야 미국의 천문학자인 에드윈 허블이 안드로메다 성운까지의 거리를 계산함으로써, 이 나선성운이 우리 은하와는 분리되어 있는 외부 은하이며, 우리 은하가 우주 전체가 아니라는 사실이 밝혀졌다.

은하에는 왜소은하부터 거대은하(질량이 우리 은하의 1/1,000부터 1,000배, 크기가 우리 은하의 1/100부터 10배)까지 그 종류가 매우 다양하다. 은하는 일반적으로 그 형태와 구성요소에 의해 분류된다. 나선 은하는 둥글게 부풀어오른 중심부에서 나선형의 팔이 뻗어나온 원반 형태의 은하이며, 밝은 나선팔에서는 별이 활발하게 생성되고 있다. 쉽게 찾아볼 수 있는 타원 은하는 공 모양의 구조로서 X선을 방출하는 뜨거운 가스가 풍부하지만, 별의 생성에 필요한 차가운 성간 가스는 거의 없다. 특정한 구조를 갖추지 못한 은하는 '불규칙 은하'라고 부른다. 불규칙 은하는 인접한 두 은하가 서로의 중력에 끌려 충돌하여 만들어지는 경우가 많으며, 짧은 시간에 별이 폭발적으로 생성되는 '별폭발' 국면이 지나간 이후의 잔해이다.

관련 주제
변광성
61쪽

초신성
71쪽

분자구름과 성운
81쪽

3초 인물 소개
허버 커티스,
1872~1942
할로 섀플리
1885~1972
1920년에 우주의 크기에 대한 공개 논쟁을 벌인 미국의 천문학자들.
(85쪽 참조)

에드윈 허블
1889~1953
미국의 천문학자.
(101쪽 참조)

3초 폭발
우리 은하는 관측범위 내의 우주공간에 흩어져 있는 약 1,000억 개의 은하들 중 하나에 불과하며, 약 1,000억 개의 별을 갖고 있는 평균 수준의 은하이다.

3분 궤도
지구에서 어떤 은하까지의 거리는 그 은하 내에 있는 밝기가 알려진 천체를 이용하여 측정된다. 이 천체의 관측된 밝기와 실제 밝기를 비교하면, 이 천체가 속하는 은하까지의 거리를 계산할 수 있다. 이런 천체를 '표준촉광'이라고 하는데, 변광성과 초신성이 여기에 해당된다. 지금까지 관측된 은하 중 가장 먼 은하는 지구에서 132억 광년 이상 떨어져 있으며, 그 먼 거리에서도 희미하게 관측될 수 있는 것으로 볼 때 작은 은하들이 서로 합쳐져서 하나의 거대한 은하를 이루고 있는 것으로 추정된다.

은하는 느슨하게 퍼져 있는 나선 은하부터 고밀도의 거대한 타원 은하까지 크기와 모양이 다양하다. 화살표가 가리키는 작은 은하들은 대부분 아주 멀리 떨어져 있는 은하들이다.

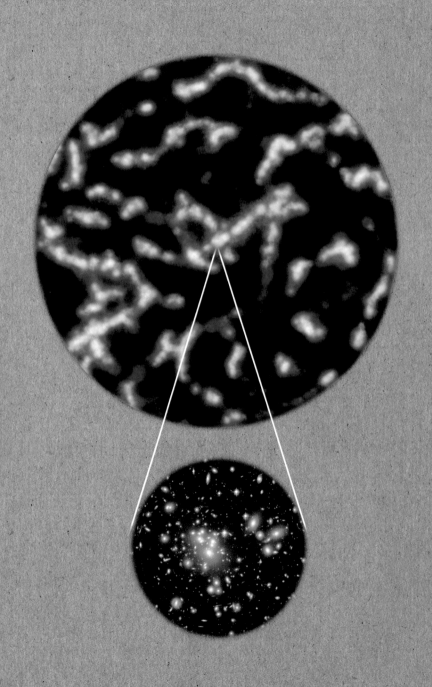

은하의 구조

GALACTIC STUCTURES

30초 저자
캐롤린 크로포드

은하들은 서로의 중력에 속박되어 거대한 은하의 집단을 이룬다. 수백 개, 심지어는 수천 개의 은하들이 모여 있는 은하단은 수천만 광년에 이르는 광활한 우주공간을 차지하고 있다. 최초로 확인된 은하단은 프랑스의 천문학자인 샤를 메시에가 만든 성운 목록에 포함되어 있었다. 이 성운은 처녀자리에 있는 11개의 '성운'들로 이루어져 있는데, 1950년대에 이르러 정밀한 사진건판이 출현한 이후에야 수많은 은하들이 모여 있는 은하단이라는 사실을 확인할 수 있게 되었다.

은하단 내의 은하들은 대부분 타원 형태를 띠고 있으며, 은하단 가장자리에는 소수의 푸른 나선 은하들이 존재한다. 거대한 타원 은하들은 주로 은하단의 중심부에 모여 있으며, 그중에는 지금까지 알려진 가장 거대한 은하들이 포함되어 있다. 은하들은 모두 은하에서 떨어져 나온 뜨거운 가스들 속에 잠겨져 있으며, 이들 가스의 질량은 별들의 질량을 모두 합친 것보다 10배가 넘지만 X선 파장에서만 관측될 수 있다. 이 가스들의 물리적 특성, 은하단 내 은하들의 운동, 그리고 배경 광원의 중력렌즈효과에 의한 신기루 현상 등 이 모든 현상에 대한 분석 결과는 은하단 내 중력의 원천인 질량의 대부분이 암흑물질의 형태로 존재함을 나타내고 있다.

관련 주제
외부 은하들
89쪽

우주의 X선
107쪽

암흑물질
113쪽

3초 인물 소개
할로 섀플리
1885~1972
미국의 천문학자.
(85쪽 참조)

조지 아벨
1927~1983
은하단의 목록을 만든 미국의 천문학자.

3초 폭발
은하들은 하늘에 아무렇게나 분포되어 있는 것이 아니라, 서로 집단을 이루어 비단의 무늬와 같은 구조를 이루고 있다.

3분 궤도
은하단들은 서로 뭉쳐져서 훨씬 더 큰 초은하단을 형성한다. 초은하단은 통상 구불구불한 성벽과 같은 형태를 취하고 있다. 그리고 거시적 관점에서 보면, 이러한 초은하단들은 거의 같은 크기인 저밀도의 공간을 둘러싸고 있는데, 이를 보이드라고 한다. 은하들을 조사한 결과 이러한 거미줄 같은 패턴이 계속 반복된다는 사실이 밝혀졌다. 결국 우주는 세포조직과 같은 모양새를 띠고 있다고 할 수 있다.

우주라는 거시적 관점에서 보면, 은하들은 긴 실조각들이 동일한 크기의 보이드를 둘러싸는 형태로 분포된 구조를 취하고 있다. 실조각들이 교차하는 곳에서 거대한 은하단들이 형성된다.

우주 ◑

우주
용어해설

광년 빛이 1년간 진행하는 거리로 9.5조 킬로미터다.

극초신성 초신성보다 훨씬 많은 에너지를 방출하는 극도로 강력한 폭발. 감마선 폭발 중 지속시간이 긴 종류의 폭발을 일으키는 원인이 될 수 있다.

근본적인 힘 우주에 존재하는 네 가지의 기본적인 힘. 중력, 전자기력, 강력, 약력을 말한다.

급팽창 빅뱅 직후 극도로 짧은 순간에 급속도로 이루어진 우주의 팽창. 급팽창 이후 우주의 팽창속도는 상대적으로 느려졌다. 급팽창은 빅뱅 이후 10^{-38}초에서 10^{-36}초 사이에 일어난 것으로 추정되고 있다.

빅뱅(Big Bang. 대폭발) 극도로 뜨겁고 극도로 밀도가 높은 단 하나의 점으로부터 일어난 대폭발 사건으로 우주공간과 시간의 시발점. 이에 견줄 만한 다른 여러 이론에 의하면, 대폭발로 팽창하기 시작한 우주는 빅칠(대냉각), 빅크런치(대붕괴) 또는 빅립(대소멸)으로 끝날 것이라고 한다.

빅칠(Big Chill. 대냉각) 팽창하는 우주의 종말에 대한 첫 번째 가설로서 '빅프리즈(Big Freeze. 대결빙)'라고도 한다. 이 가설에 따르면, 은하들이 계속 팽창하여 서로 멀리 흩어지고 별들도 연료가 모두 소진되어 우주 전체가 엄청나게 크고 어둡고 차갑게 변한다.

빅크런치(Big Crunch. 대붕괴) 우주의 종말에 대한 두 번째 가설로서, 우주가 팽창을 거듭하여 임계점에 도달하면 다시 수축을 시작하여 밀도와 온도가 무한히 높은 한 점으로 붕괴된다고 한다. 빅크런치는 또 다른 빅뱅의 시발점이 될 수 있다. 암흑에너지(우주의 팽창을 지속시키는 신비한 힘)가 발견되면서 이 가설은 힘을 잃었다.

빅립(Big Rip. 대소멸) 우주의 종말에 대한 세 번째 가설로서, 암흑에너지에 의해 우주가 빠르게 팽창하여 은하에서 원자보다 작은 아원자 입자에 이르기까지 모든 물질들이 산산조각이 나서 흩어진다고 한다.

암흑물질 보이지 않는 물질 은하와 우주의 거대한 구조물을 비롯한 보이는 물질에 작용하는 암흑물질의 중력적 효과를 탐지할 수 있다.

암흑에너지 우주의 팽창을 지속시키는 에너지.

우주론 우주의 기원, 형태, 진화, 크기와 종말에 관한 연구.

우주배경복사 우주를 균일하게 채우고 있는 열 복사로서, 빅뱅 직후에 방출된 최초의 빛이 팽창하는 우주를 통해 퍼져나간 흔적이다. 1964년에 우주배경복사가 발견됨으로써 우주의 기원에 관한 이론 중에서 빅뱅이론이 다른 이론들을 제치고 우위에 서게 되었다.

전파별 펄서처럼 전자파를 방출하는 별.

정상우주론 우주의 기원에 대한 빅뱅이론에 대항하여 1920년경 영국의 물리학자인 제임스 진스가 처음 제안하고, 1948년에 영국의 천문학자인 프레드 호일과 그의 동료들이 발전시킨 이론. 정상우주론에 따르면, 일정한 속도로 팽창하는 우주 내에서 새로운 물질들이 계속 생성되어 새로운 별과 은하들이 형성되고, 늙은 은하와 별들은 점차 관측범위에서 벗어난다고 한다. 그래서 우주는 평균밀도가 변하지 않는 안정된 상태를 유지하며, 시작도 종말도 없다. 이 이론은 우주배경복사의 발견으로 빅뱅이론에 패배했다.

퀘이사 강력한 전파를 방출하는 별과 유사한 천체. 처음에는 이 천체를 전파별로 생각하였으나, 중심부에 엄청나게 거대한 블랙홀이 자리잡고 있는 은하임이 밝혀졌다.

허블상수 우주의 팽창 비율.

MOND 수정된 뉴턴역학(Modified Newtonian Dynamics)의 약자. 중력이 뉴턴의 만유인력보다는 더 강하고 오래 지속된다는 수정 중력이론이다. 은하 내부의 관측가능한 물질에서 발생되는 중력은 은하 전체를 묶어두기에는 약한데, 이를 설명하기 위해 제시된 이론으로 암흑물질과 MOND가 있다.

빅뱅

THE BIG BANG

관련 주제
팽창하는 우주
99쪽
우주배경복사
103쪽

3초 인물 소개
알렉산드르 프리드만
1888~1925
우주의 팽창과 수축을 나타내는 프리드만 방정식을 만든 러시아의 수학자이자 물리학자.

조르주 르메트르
1894~1966
벨기에의 천문학자.

프레드 호일
1915~2001
정상우주론을 주창한 영국의 천문학자.

마틴 라일
1918~1984
획기적인 전파망원경을 발명한 영국의 전파천문학자.

우주가 팽창하고 있다는 사실은 관측에 의해 확인되고 있으며, 이는 과거에 우주가 시작되는 시점이 있었음을 의미한다. 이 시작점이 빅뱅이라는 대폭발로서, 모든 물질과 공간과 시간은 이때에 창조되었다. 빅뱅이라는 개념을 처음으로 제기한 사람은 조르주 르메트르이다. 그는 일반상대성이론(아인슈타인이 창시한 이론)의 중력장방정식의 가능한 해의 하나로 이 개념을 제기했는데, 1964년에 대폭발의 흔적인 우주배경복사가 발견되면서 전세계적으로 인정을 받게 되었다.

빅뱅을 촉발시킨 원인에 대해서는 천문학자들도 확실한 설명을 하지 못하고 있다. 현재 우리가 알고 있는 물리법칙으로는 그처럼 극도로 뜨겁고 밀도가 높은 물질의 상태를 설명할 수가 없다. 그리고 빅뱅 '이전'에 무슨 일이 일어났는지도 설명할 수가 없다. 어쨌든 빅뱅 이후 1초에도 훨씬 못미치는 극도로 짧은 시간 동안 급팽창이 일어나서 우주의 크기가 급격하게 증가했으며, 팽창이 계속될수록 우주 내부의 온도는 크게 떨어졌다. 우주가 식어가면서 빅뱅 직후 우주를 가득 채웠던 복사에너지는 물질로 변환되기 시작했다. 먼저 기본 입자들이 생성되고 이 입자들이 서로 결합하여 원자들이 만들어졌으며, 현재와 같은 특성을 가진 우주의 근본적인 힘들이 각각 분리되었다.

30초 저자
앤디 파비안

3초 폭발
우주의 모든 것들은 '빅뱅'이라는 사건에서 생겨났다. 빅뱅은 공간과 시간의 시작점이다.

3분 궤도
아이러니하게도 '빅뱅'은 이 이론에 가장 목소리 높여 반대한 프레드 호일이 조롱하는 투로 붙여준 이름이다. 호일은 빅뱅이론 대신에 우주 내에서 새로운 물질이 계속 생성된다는 '정상우주론'을 발전시켰다. 하지만 정상우주론에 따라 헬륨이 별 내부의 핵융합 반응에 의해서만 만들어진다는 그의 주장과는 달리 방대한 양의 헬륨이 우주 전역에 골고루 퍼져 있다.

빅뱅은 지금으로부터 137억 년 전에 우주 창조의 시발점이 된 기념비적인 사건을 말한다.

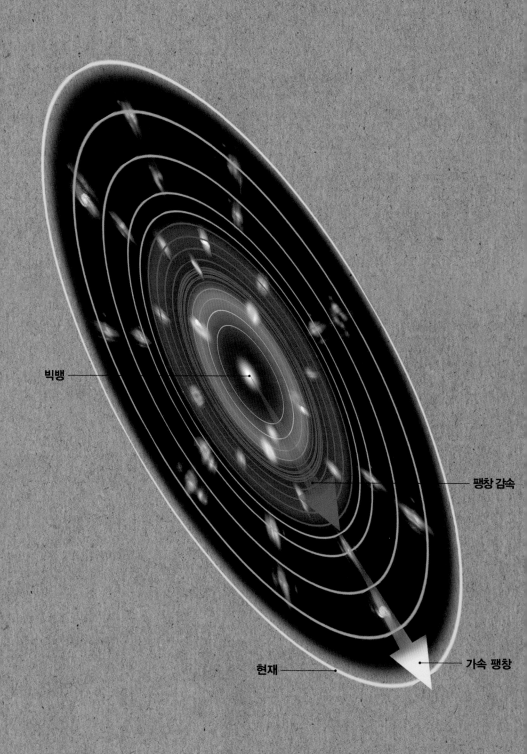

빅뱅

팽창 감속

현재

가속 팽창

팽창하는 우주

THE EXPANDING UNIVERSE

30초 저자
앤디 파비안

관련 주제
외부 은하들
89쪽

빅뱅
97쪽

3초 인물 소개
사울 펄무터
1959~
슈미트, 리스와 함께 우주
의 팽창이 가속되고 있음
을 발견한 미국의 천체물
리학자.

브라이언 슈미트
1967~
미국계 오스트레일리아
천체물리학자.

애덤 리스
1969~
미국의 천체물리학자.

우리 은하 외부에 다른 은하들이 존재함을 입증하여 우주의 크기에 대한 천문학계의 논쟁에 종지부를 찍었던 것은 천문학자 에드윈 허블의 큰 업적이다. 허블의 놀랄 만한 두 번째 업적은 우주가 팽창하고 있다는 사실의 발견이었다. 그는 모든 은하들이 우리에게서 멀어지고 있으며, 먼 은하일수록 멀어지는 속도가 더 빠르다는 사실을 알아냈다. 이것은 우주가 팽창하고 있다는 증거이다. 은하 집단들 사이의 우주공간은 확장되고 서로 밀어낸다. 천문학자들은 이러한 팽창과정을 시간을 거슬러 거꾸로 추적하여 우주의 나이가 137억 년임을 알아냈다.

먼 은하 내의 초신성 폭발, 우주배경복사 범위 내에 있는 천체 집단의 크기, 은하단 내부의 물질에 대한 최근의 관측 자료들은 모두 최근 60억 년 동안 팽창속도가 증가되어왔음을 보여주고 있다. 하지만 우리가 관측한 복사, 보통의 물질, 암흑물질만으로는 이러한 팽창속도의 가속 현상을 설명할 수가 없다. 팽창속도를 가속시키는 무언가가 우주 내에 추가로 존재해야 하는데 이를 '암흑에너지'라고 하며, 우주 내에 들어 있는 물질의 총량의 3/4을 차지하고 있다. 암흑에너지의 정확한 성질을 규명할 수 있다면, 아주 먼 장래에 다가올 우주의 종말이 '빅칠'일지 아니면 '빅립'일지를 알 수 있게 될 것이다.

3초 폭발
은하들의 움직임을 살펴보면, 우주는 변화가 없는 안정된 상태가 아니라 빠른 속도로 진화하고 성장하는 상태에 있음을 알 수 있다.

3분 궤도
우주의 팽창 비율은 '허블상수'로 나타낸다. 먼 천체에서 오는 빛은 팽창 때문에 적색편이를 일으키는데, 이를 이용하여 허블상수를 계산한다. 허블상수는 허블우주망원경을 이용하여 가까이 있는 은하 내의 개개의 별들을 관측할 수 있게 된 1990년대 중반에 이르러서야 수 퍼센트의 오차 범위 내에서 계산될 수 있었다.

**빅뱅 이후 우주는 계속 팽창하고 있으며,
은하 집단들 사이의 거리는 멀어지고 있다.
최근 60억 년 동안 우주의 팽창속도는
가속되고 있다.**

1889년 11월 20년
미주리주 맨스필드에서 출생

1898년
시카고로 가족이 이주하다

1906~1910년
시카고대학에서 수학, 천문학, 과학을 공부하다

1910~1913년
영국 옥스퍼드대학 퀸즈칼리지에서 로즈장학금을 받아 법률, 문학, 스페인어를 공부하다

1913년
미국으로 귀국. 켄터키주 루이스빌에서 잠시 변호사로 일하다

1914~1917년
시카고대학 박사과정 재학. '희미한 성운의 사진학적 연구'로 박사학위를 취득하다

1917년
캘리포니아주 파사데나에 있는 윌슨산 천문대의 채용 제의를 받았으나, 거절하고 1차 세계대전에 참전하다

1917~1918년
미군으로 복무, 소령으로 진급하다

1919년
윌슨산 천문대에 취업하다

1923년
안드로메다 성운(M31)에서 케페이드 변광성을 발견하다

1926년
은하들을 분류하는 방법(허블 분류표)을 고안하다

1929년
은하의 적색편이와 거리에 관한 법칙(허블 법칙)을 발표하다

1935년
소행성 '1373 신시내티'를 발견하다. 『우주론과 성운의 세계에 대한 관측적 접근』을 저술하다

1940년
영국 왕립천문학회의 금메달을 수상하다

1942~1945년
메릴랜드주 애버딘에 있는 미군에서 일하다

1946년
탄도학에 기여한 업적으로 공로훈장을 수여받다

1948년
옥스퍼드대학 퀸즈칼리지의 명예 퀸즈인이 되다

1949년
캘리포니아주 샌디에이고에 있는 팔로마산 천문대의 해일망원경(당시 세계에서 가장 큰 광학 망원경)을 최초로 사용하는 영예를 누리다

1949년
심장 발작을 일으키다

1953년 9월 28일
캘리포니아주 산마리노에서 사망

1990년
NASA에서 허블의 이름을 딴 허블우주망원경을 발사하다

에드윈 허블

에드윈 파월 허블은 미국 중서부의 전형적인 미국 가정에서 태어났으며, 재치 있고 영리하며 체력이 강한 만능 스포츠맨이었다. 그야말로 머리와 체력을 겸비한 사람이었다. 그는 로즈장학금을 받아 영국의 옥스퍼드대학으로 유학을 갔다. 미국으로 귀국한 후 인디애나 고등학교에서 1년간 스페인어, 수학, 물리학, 야구를 가르치며 존경을 받았고, 아들이 법률가가 되기를 원했던 아버지를 위해 잠시동안 변호사로 일했다. 그리고 미국민으로서의 의무를 다하기 위해 1차, 2차 세계대전에도 참전했다. 하지만 그의 꿈은 천문학자가 되는 것이었다. 그는 천문학을 가장 사랑했기에 변호사 일을 접고 박사과정을 밟기 위해 시카고대학으로 돌아갔다. 당시 그는 이렇게 말했다. "내가 설사 이류나 삼류의 천문학자가 될지라도, 나에게 중요한 것은 천문학이라는 것을 깨달았다."

하지만 그는 이류나 삼류의 천문학자가 아니었다. 허블의 발견들은 우주를 새롭게 열었다. 스테판 호킹 교수가 말했듯이 그는 '20세기의 가장 위대한 지적 혁명 중의 하나'를 이끌었다. 캘리포니아주에 있는 윌슨산 천문대와 팔로마산 천문대에서 일하면서 허블은 우리가 수백만 개의 은하들에 둘러싸여 있다는 사실을 입증했다(당시 모든 천체가 우리 은하속에 속한다는 의견이 많았으며, 유명한 천문학자인 허셜 역시 마찬가지였다). 그리고 그는 은하들을 형태(타원, 렌즈, 나선, 불규칙 은하)에 따라 분류하는 방법을 고안했으며, 이는 현재 허블 분류표로 알려져 있다. 또한, 그는 은하들의 적색편이(은하가 멀어지고 있기 때문에 은하에서 오는 빛의 파장이 스펙트럼상의 적색쪽으로 이동되는 현상)를 정밀하게 조사하여, 은하들이 일정한 비율(허블상수)로 서로 멀어지고 있음을 입증했다. 허블은 이것을 은하의 적색편이와 거리에 관한 법칙이라고 불렀는데, 지금은 허블법칙으로 알려져 있다.

허블은 은하들이 서로 멀어지고 있다는 사실에 근거하여 우주가 팽창하고 있음을 입증했다. 이 발견은 벨기에 천문학자인 조르주 르메트르가 일찍이 주장했던 빅뱅이론을 뒷받침하는 근거가 되었다. 알베르트 아인슈타인은 이 발견에 감명을 받아 1931년에 허블을 직접 방문하여 축하해주었다. 허블은 천문학을 우주론으로 전환시킨 '먼 별의 개척자'로 인정받고 있다.

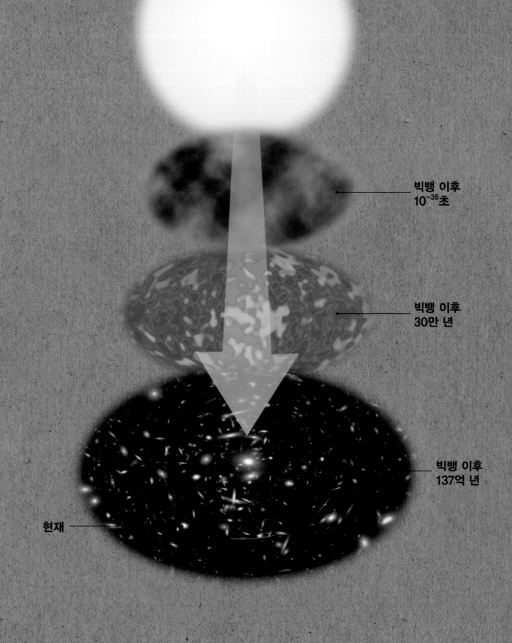

빅뱅 이후
10^{-35}초

빅뱅 이후
30만 년

빅뱅 이후
137억 년

현재

우주배경복사

COSMIC MICROWAVE BACKGROUND

30초 저자
앤디 파비안

관련 주제
빅뱅
97쪽

팽창하는 우주
99쪽

가시광선을 넘어서
105쪽

3초 인물 소개
아르노 펜지어스
1933~
미국의 물리학자.

로버트 윌슨
1936~
미국의 물리학자.

탄생 초기의 우주는 믿기 어려울 정도로 뜨거웠으며, 하전입자와 광자(빛의 입자)가 뒤섞여 있는 죽과 같은 상태였다. 밀도가 엄청나게 높아서 광자는 다른 입자들에 막혀 밖으로 빠져나올 수 없었다. 우주가 팽창을 거듭하면서 온도가 계속 내려갔고, 빅뱅 이후 약 38만 년이 지났을 쯤에는 하전입자들이 서로 결합하여 원자를 형성할 수 있을 정도로 식었다. 입자들로 가득찬 짙은 안개가 가라앉아 우주는 투명해졌으며, 이때부터 광자는 아무런 방해를 받지 않고 우주 전역으로 퍼져 나갔다. 이것이 하늘을 균일하게 채우고 있는 우주배경복사이다.

우주공간이 계속적으로 팽창하여 넓어짐에 따라 광자의 파장도 우주 탄생 초기에 비해 엄청나게 길어졌다. 그래서 현재 관측되는 우주배경복사는 파장이 적외선 영역을 넘어 마이크로파 영역까지 늘어났으며, 절대온도 단위로는 2.725도에 해당되는 약한 복사가 되었다. 우주배경복사의 존재는 1940년대부터 이론적으로 제기되었다. 하지만, 1964년에 이르러서야 아르노 펜지어스와 로버트 윌슨에 의해 그 존재가 발견되었으며, 빅뱅이론을 뒷받침하는 결정적인 증거가 되었다.

3초 폭발
우주배경복사(빅뱅 이후에 방출된 초기 복사)로부터 우주의 기원과 구조에 대한 정보를 얻을 수 있다.

3분 궤도
인공위성의 정밀조사를 통해 우주배경복사의 강도를 나타내는 지도를 만든 결과, 평균 강도에서 미세한 차이가 있는 영역들이 곳곳에서 나타났다. 이러한 편차는 각 영역의 에너지/물질의 밀도 차이에서 비롯된 것으로서 중력의 집중 현상으로 이어질 수 있다. 바로 이 '씨앗들'이 오랜 세월에 걸쳐 우주 곳곳에 있는 은하들을 비롯한 거대한 구조물들로 성장했을 것으로 추정하고 있다.

우주배경복사는 중력의 영향으로
물질들이 응축하여 장차 은하 형성의 씨앗을
뿌리기 시작하는 초기 우주의 모습을
엿볼 수 있는 흔적이다.

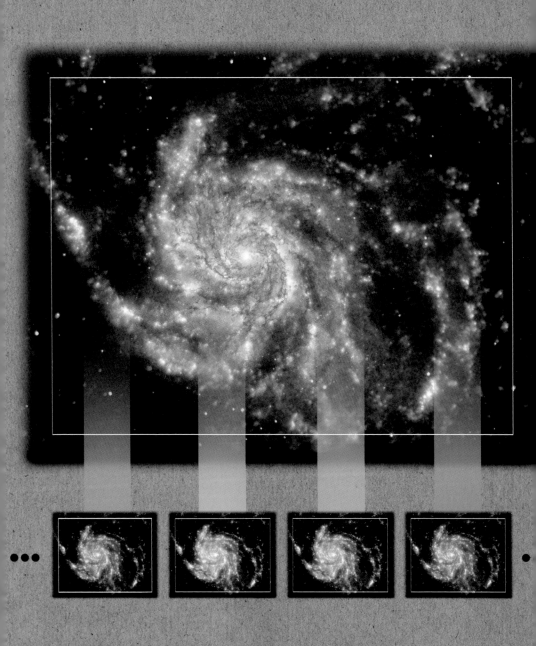

가시광선을 넘어서

BEYOND VISIBLE LIGHT

관련 주제
우주배경복사
103쪽

우주의 X선
107쪽

빛의 스펙트럼
125쪽

3초 인물 소개
아이작 뉴턴
1642~1727
만유인력(중력)의 법칙을
발견한 영국의 물리학자.

윌리엄 허셜
1738~1822
천왕성을 발견한 독일계
영국인 천문학자.
(87쪽 참조)

인간의 눈은 적색과 청색 사이의 빛인 가시광선만 볼 수 있으며, 가시광선을 넘어서는 빛에는 민감하지 못하다. 즉 적색 빛보다 파장이 긴 적외선은 볼 수 없으며, 청색 빛보다 파장이 짧은 자외선, X선, 감마선도 볼 수 없다. 이 점은 천체를 관측하는 천문학자들에게 큰 장애요인이다. 왜냐하면 우주에 존재하는 천체들은 모두 빛을 방출하지만, 모든 빛이 우리가 볼 수 있는 가시광선만은 아니기 때문이다.

별에서 방출되는 빛의 파장은 별의 온도에 따라 다르다. 핵융합 반응이 시작되기 이전 단계에 있는 별들은 온도가 1,000도를 넘지 않는 상태여서 적외선을 방출한다. 일단 별이 핵융합 반응을 시작하면 반응과정에서 방출되는 뜨거운 열에 의해 온도가 수천 도로 오르게 되고, 이 단계에서는 백열전등의 불빛과 같은 가시광선을 방출한다. 별을 구성하는 가스가 계속 가열되어 온도가 수십만 도에 이르게 되면 자외선이 방출되고, 온도가 수백만 도로 증가하면 X선이 방출된다. 그래서 X선이 방출된다는 것은 별이 격렬한 변화의 과정을 겪고 있다는 징후이다. 마지막으로 거대한 별이 붕괴되어 블랙홀이 형성되는 경우에는 별 내부의 가스가 수십억 도로 뜨거워져서 감마선을 방출하게 된다.

30초 저자
다렌 바스킬

3초 폭발
우리가 볼 수 있는 빛은 일부분에 불과하다. 우주를 완전히 이해하기 위해서는 가시광선 밖의 빛을 관측할 필요가 있다.

3분 궤도
지구의 대기는 특정한 영역의 에너지(또는 파장)를 가진 빛만 통과시킨다. 전파와 가시광선은 대기를 통과할 수 있어서 육안 또는 접시형 안테나로 밤하늘의 장관을 즐길 수 있다. 그러나 인체에 해로운 X선과 감마선은 대기에 의해 차단되기 때문에, 이러한 고에너지의 광선을 방출하는 격렬한 우주현상을 관측하기 위해서는 망원경을 대기권 밖의 우주공간에 설치해야 한다.

가스는 온도에 따라 다른 파장의 빛을 방출하기 때문에, 우주를 완전히 이해하기 위해서는 모든 파장의 빛을 관측할 필요가 있다.

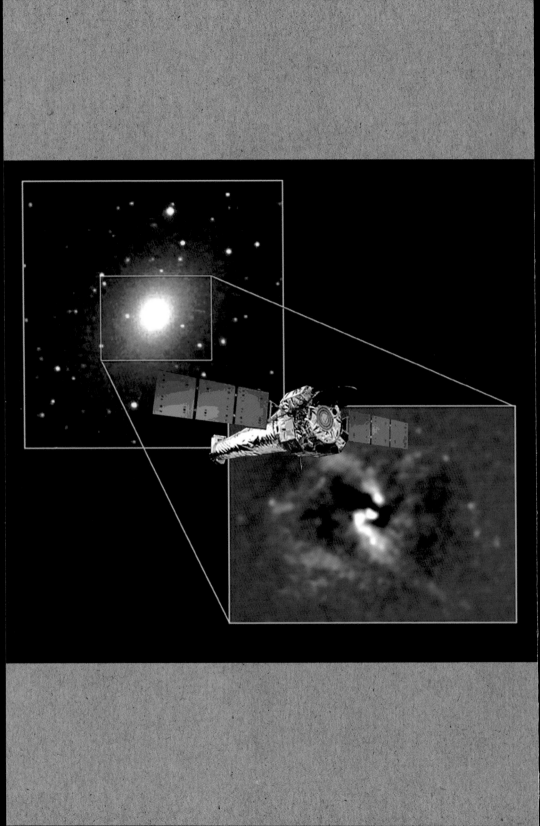

우주의 X선

COSMIC X-RAYS

30초 저자
다렌 바스킬

3초 인물 소개
리카르도 지아코니
1931~
우주 X선을 최초로 발견한 이탈리아계 미국인 천체물리학자.

브루노 로시
1905~1993
X선 천문학을 개척한 이탈리아계 미국인 천문학자.

1962년 6월 18일, 뉴멕시코주 상공으로 쏘아올린 로켓 비행체가 태양계 외부에서 오는 X선을 탐지했다. 하지만 당시에는 X선을 방출하는 선원이 무엇인지를 몰랐다. X선은 격렬한 변화의 과정을 통해 온도가 100만 도 이상으로 가열된 가스에서 방출되는 고에너지의 광선이다. 그 이후 50여 년에 걸쳐 우주 X선의 선원에 대해 훨씬 많은 이해가 이루어졌고, 1990년에 우주망원경이 발사되면서 더욱 자세하게 알게 되었다. 1962년에 탐지된 X선은 질량이 태양의 절반 이하인 별이 고밀도의 중성자별과 충돌하는 과정에서 별에서 떨어져 나온 고온의 가스로부터 방출되고 있다는 사실도 밝혀졌다.

X선이 방출된다는 것은 그 천체는 격렬한 변화의 소용돌이 속에 있음을 의미한다. 초신성 잔해의 중심부에 있는 죽은 별들, 우리 은하 내에 있는 작은 블랙홀 속으로 빨려들어가는 가스들, 그리고 외부 은하들의 중심부에 자리잡은 거대 질량의 블랙홀들, 이들 모두가 X선을 방출함으로써 그 존재가 밝혀졌다. X선을 방출하는 또 다른 천체로는 동반별에 의해 부숴지고 있는 쌍성계의 별들, 극도로 압축되어 밀도가 아주 높은 백색왜성과 중성자별, 그리고 우주의 가장 거대한 구조물인 은하단 내부에 있는 100만 도 정도의 뜨거운 가스를 들 수 있다.

3초 폭발
수백만 도로 가열된 가스에서 X선이 방출되고 있는 우주의 극한 영역에서는 격렬한 천체 현상을 볼 수 있다.

3분 궤도
지구의 대기는 인체에 해로운 X선을 차단하기 때문에, X선을 관측하기 위해서는 우주공간으로 나가야 한다. X선 관측망원경은 5분 정도 비행하는 로켓에 탑재하기도 하는데, 시험적 기술로는 우수하지만 충분한 관측은 어렵다. X선을 방출하는 격렬한 천체현상을 깊이있게 연구하기 위해 지구 상공의 궤도를 도는 우주망원경(NASA의 찬드라, 유럽의 XMM-뉴턴, 일본의 스자쿠)이 이용되고 있다.

은하의 중심에서 수십만 개의 초신성 폭발이 일어나 가스를 고온으로 가열시켜 X선이 방출되고 있다.

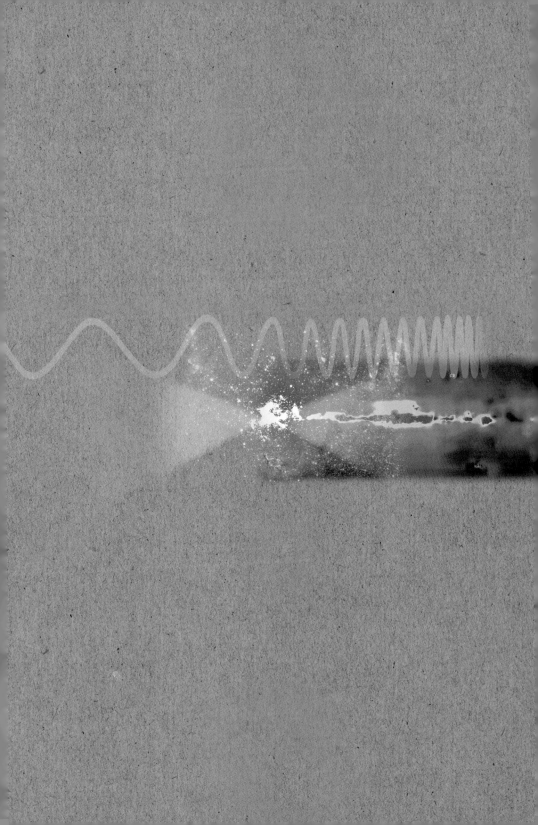

감마선 폭발

GAMMA RAY BURSTS

3초 인물 소개
레이 클레베사델

1932~
우연찮게 감마선 폭발을 발견한 미국의 국방과학자.

감마선은 지구 대기에 의해 차단되기 때문에 대기권 밖의 인공위성을 이용하여 관측한다. 인공위성에 탑재된 감마선 탐지기에는 하루에 한 번 꼴로 우주에서 날아오는 짧고 강한 감마선 폭발이 감지되고 있다. 감마선 폭발이 일어난 후에는 X선과 가시광선, 전파의 잔광이 나타나며, 전파의 잔광은 좀더 오래 지속된다. 관측 자료에 의하면 감마선 폭발은 아주 먼 은하 속에서 일어나고 있는데, 이것이 지구에서 관측될 수 있는 이유는 감마선 폭발이 초신성의 10배에 달하는 엄청나게 강력한 폭발이기 때문이다.

감마선 폭발에는 지속시간이 1초 미만인 짧은 감마선 폭발과 30초 정도 지속되는 긴 감마선 폭발의 두 형태가 있다. 긴 감마선 폭발의 경우에는, 폭발이 일어난 은하 내에서 폭발 이후에 초신성이 나타나 관측되는 경우가 있다. 폭발의 영향으로 초신성에서 떨어져나온 물질들이 주변의 가스와 충돌하여 잔광이 나타나서 다소 길게 지속되는 것이다. 감마선은 극대거성이 붕괴되어 극초신성 폭발을 일으키며 블랙홀이 될 때 방출된다는 설이 유력하다. 빠른 자전의 영향으로 감마선은 빔의 형태로 방출되며, 이 빔이 지구 방향을 향할 때만 관측될 수 있다. 그래서 감마선을 방출하는 극초신성 폭발이 실제로 발생하는 빈도는 우리가 관측하는 횟수보다는 훨씬 많다.

30초 저자
폴 머딘

3초 폭발
우주에서 일어나는 감마선 폭발은 빅뱅 이후 가장 큰 폭발로서, 하루에 어디서든 최소한 한 번 이상은 일어나고 있다.

3분 궤도
긴 감마선 폭발의 원인은 극초신성 폭발로 알려져 있지만, 짧은 감마선 폭발의 원인은 아직 밝혀지지 않았다. 중성자별이 블랙홀에 빨려 들어가거나 두 중성자별이 서로 충돌하여 블랙홀이 만들어질 때 짧은 감마선 폭발이 일어난다고 추정하는 천문학자들도 있다.

**감마선 폭발을 일으킨 천체는
그 폭발력이 모든 종류의 고에너지 복사로 변환되며,
이때 방출된 감마선은 빔의 형태로
우주를 가로지른다.**

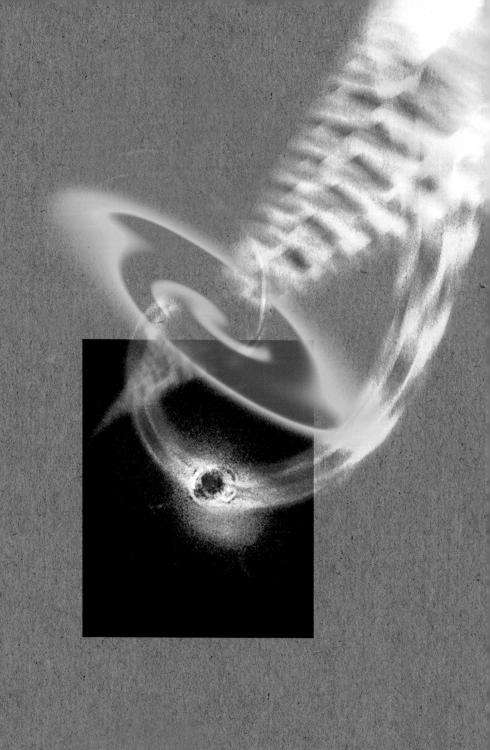

퀘이사

QUASARS

30초 저자
폴 머딘

퀘이사는 강력한 전자파를 방출하는 별과 유사하게 보이는 천체를 말한다. 퀘이사(Quasars)라는 용어는 'Quasi-stellar Radio Sources(별과 유사한 전파원)'을 줄인 약어이다. 하지만 실제로는 퀘이사가 별이 아니라 밝은 핵을 가진 은하임이 밝혀졌다.

전파망원경에 의해 만들어진 고해상의 영상을 비롯한 여러 관측 자료에 따르면, 퀘이사의 핵은 크기가 우리 태양계 정도로서 다른 은하에 비해 매우 작은 것으로 밝혀졌다. 하지만 핵의 질량은 태양의 수백만 배 또는 수십억 배에 달할 정도로 무거우며, 그 주위를 가스와 먼지가 매우 빠른 속도로 돌고 있다. 이런 현상으로 볼 때 퀘이사의 핵은 초거대 블랙홀이다. 퀘이사에서 방출되고 있는 엄청난 에너지는 주위의 다량의 가스가 폭우처럼 블랙홀 속으로 빨려 들어가는 과정에서 발생한다. 때로는 별이 빨려 들어가기도 하는데, 블랙홀의 강력한 중력에 의해 별은 가느다란 실처럼 변형되고 그 속에서 이글거리는 불꽃이 일어난다. 초거대 블랙홀 중에는 빨려 들어가던 가스의 일부가 엄청나게 방출되는 에너지에 의해 제트로 다시 튀어나오는 경우도 있다. 이 제트는 회전축의 양쪽 방향으로 분출되어 은하들 사이의 우주공간으로 멀리 뻗어나간다.

관련 주제
블랙홀
73쪽

3초 인물 소개
마르텐 슈미트
1929~
퀘이사의 정체를 최초로 밝힌 독일계 미국인 천문학자.

3초 폭발
퀘이사는 블랙홀로 이루어진 밝은 핵(밝기가 보통의 은하 1,000개를 합친 것과 같다)을 가진 은하다.

3분 궤도
대부분의 은하들이 중심부에 블랙홀을 갖고 있지만, 그들 모두가 퀘이사는 아니다. 주위의 가스가 폭포처럼 블랙홀 속으로 빨려 들어가는 경우 은하는 퀘이사가 되는데, 이런 현상은 다른 은하가 가까이 접근할 때 일어난다. 우리 은하에도 질량이 태양의 400만 배인 블랙홀이 있지만 현재 휴면 상태이다. 수십억 년 내에 안드로메다 은하가 우리 은하에 근접한다면, 이 잠자는 거인이 깨어나 우리 은하가 퀘이사가 될 수도 있을 것이다.

은하의 중심부에 있는 블랙홀 주위로 가스가 소용돌이치며 빨려들어가고 있다. 블랙홀 속으로 떨어지는 가스는 마찰열 때문에 엄청난 양의 에너지를 방출한다.

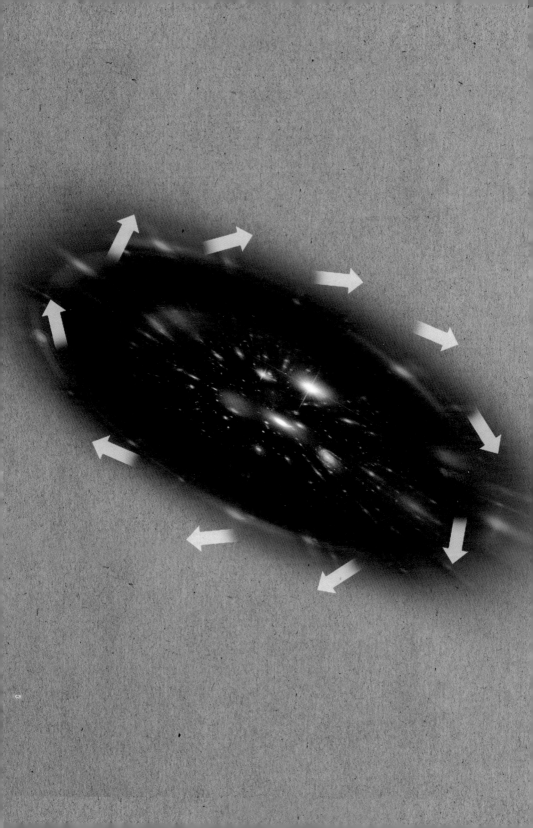

암흑물질

DARK MATTER

3초 인물 소개
프리츠 츠비키
1898~1974
암흑물질이 존재할 가능성을 최초로 제기한 스위스 천문학자. (133쪽 참조)

얀 오르트
1900~1992
오르트 성운의 존재를 주장한 네덜란드의 천문학자.

태양은 우리 은하의 핵을 중심으로 2억 5,000만 년에 한 번 꼴로 공전하고 있다. 은하 중심부의 블랙홀에 가까운 별들은 빠른 속도로 공전하고 있으며, 그 덕분에 별이 블랙홀 안으로 떨어지지 않는다. 그보다 바깥쪽에 있는 별들은 공전 속도가 더 낮거나, 그렇지 않으면 먼 우주공간으로 날아가 버릴 것이다. 하지만 실제로는 공전 속도가 빠른데도 궤도를 이탈하지 않고 있다.

이러한 모순을 설명할 수 있는 한가지 방법은 눈에 보이지 않는 많은 양의 물질들이 존재하고 있어서 중력이 보기 보다는 훨씬 강하다는 것이다. 천문학자들은 이 보이지 않는 물질을 '암흑물질'이라고 부른다. 이 이론에 따르면, 암흑물질은 우주에 존재하는 물질의 83퍼센트를 차지하고 있다고 한다. 은하라는 좀더 거시적인 측면에서도, 은하단 내의 은하들의 상호 공전을 설명하기 위해 암흑물질의 개념이 필요하다. 암흑물질의 정체를 밝히는 것은 21세기 천체물리학이 풀어야 할 어려운 숙제 중 하나다. 암흑물질은 우리가 아는 물질과 반응도 하지 않고 보이지도 않기 때문에 탐지하기가 어렵다. 현재 암흑물질의 원천인 정체불명의 입자를 탐지하기 위해 여러 실험들이 행해지고 있다. 민감한 탐지기가 포함된 이 실험장치들은 우주에서 날아오는 우주선(線)들의 영향을 막기 위해 대부분 지하에 설치되어 있다.

30초 저자
다렌 바스킬

3초 폭발
천문학자들은 암흑물질의 중력적 영향을 관측할 수 있기 때문에 그 존재를 인정하지만, 물질 자체를 볼 수 없어서 암흑물질의 정체를 밝히지 못하고 있다.

3분 궤도
암흑물질의 정체는 2가지 이론인 마초(MACHOs, Massive Compact Halo Objects)와 윔프(WIMPs, Weakly Interacting Massive Particles)로 설명할 수 있다. 마초는 빛을 내지 않아 찾기가 힘든 블랙홀과 같은 찌꺼기 천체들을 말한다. 윔프는 약하게 상호작용하는 작은 입자이지만 많은 양이 모이면 거대한 질량을 갖게 된다. 현재 윔프가 보다 그럴듯한 이론으로 받아들여지고 있지만, 아직 그 존재가 밝혀지지는 않고 있다.

암흑물질은 우리 은하와 우주 내의 천체들을 묶어주는 중력의 주요 원천이다. 하지만 아직 그 누구도 암흑물질의 정체를 알지 못하고 있다.

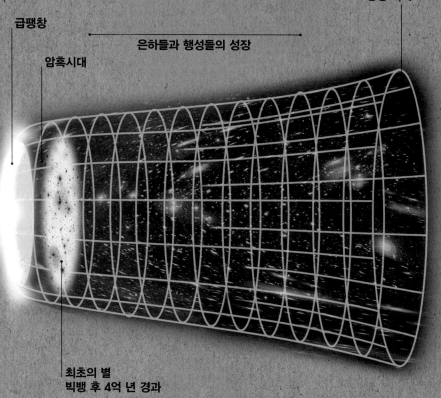

급팽창

암흑에너지에 의한
팽창 가속

은하들과 행성들의 성장

암흑시대

최초의 별
빅뱅 후 4억 년 경과

137억 년

암흑에너지

DARK ENERGY

30초 저자
폴 머딘

3초 인물 소개
사울 펄무터
1959~
슈미트, 리스와 함께 우주
의 팽창이 가속되고 있음
을 발견한 미국의 천체물
리학자.

브라이언 슈미트
1967~
미국계 오스트레일리아
천체물리학자.

애덤 리스
1969~
미국의 천체물리학자.

우주가 팽창하고 있다는 사실이 발견되기 전인 20세기 초에 알베르트 아인슈타인은 그의 일반 상대성이론에서 정적인 우주모형을 기술하려고 시도했다. 하지만, 거기에는 큰 문제가 있었다. 은하들의 상호 중력 때문에 정적인 우주는 붕괴될 수 밖에 없었기 때문이다. 이 문제를 해결하기 위해 아인슈타인은 우주상수 Λ 라는 개념을 도입하여 은하들을 밖으로 밀어내는 가상의 힘을 만들어냈다. 우주가 팽창하고 있다는 사실이 발견되자, 아인슈타인은 이 개념을 포기하면서 "내 인생 최대의 실수"라고 말했다.

은하들은 중력에 의해 서로를 끌어당기고 있어서 우주의 팽창속도는 시간이 지날수록 줄어든다. 그래서 현재 보이는 먼 은하들은 가까운 은하들보다 훨씬 오래 전의 은하이기 때문에, 관측된 팽창속도는 더 커야 한다. 1998~1999년에 허블 우주망원경으로 1a형 초신성과 같은 먼 천체(그 빛이 우리에게 도달하는데 수십억 년이 걸리는 먼 천체)들을 관측했는데, 관측결과는 놀라웠다. 1a형 초신성들이 속하는 은하들의 팽창속도는 현재의 우주 팽창속도보다 더 느렸다. 즉 실제로는 우주의 팽창이 가속되고 있는 것이다. 이 현상을 설명하기 위해서는 우주를 밀어내는 힘인 '암흑에너지'가 존재한다고 생각할 수 밖에 없다. 결과적으로 아인슈타인은 중요한 개념을 생각해냈던 것이다.

3초 폭발
우주는 팽창하고 있으며, 은하들은 점점 더 큰 속도로 서로 멀어지고 있다. 우주공간에서 방출되는 '암흑에너지'가 은하들의 팽창을 가속시키고 있는 것이다.

3분 궤도
암흑에너지는 우주공간이 아무것도 없는 단순한 공간이 아니라 활동적인 물리적 실체임을 말해주는 여러 증거들 중 하나이다. 우주공간은 입자들의 쌍을 만들어내고, 빛의 경로를 휘게 하고, 천체들 상호간에 중력파를 전달시키며, 무엇보다도 빅뱅과정에서 우주를 만들어냈다. 우주공간은 마치 물질처럼 흥미로운 현상들을 이루어낸다.

우주의 역사는 왼쪽부터 순서대로 빅뱅, 냉각에 따른 잔광, 은하의 생성, 암흑에너지 방출에 의해 가속되는 팽창의 순서로 진행되었다.

공간과 시간

공간과 시간
용어해설

강착 가스가 거대한 천체에 포획되어 빨려 들어가는 현상. 가스가 블랙홀 속으로 나선을 그리며 빨려 들어갈 때, 온도가 수백만 도로 올라가 X선을 방출한다. 천문학자들은 이 복사를 통해 보이지 않는 블랙홀의 존재를 확인할 수 있다. 쌍성계에서도 작은 별(또는 별의 잔해)이 동반별로부터 가스와 같은 물질을 빨아들이는 강착 현상이 일어난다.

국부은하군 30개 이상의 은하로 이루어진 은하 집단. 지름이 1,000만 광년이며, 우리 은하, 가장 가까운 나선 은하인 안드로메다 은하, 삼각형자리 은하가 여기에 속한다. 이 은하군의 중력 중심은 우리 은하와 안드로메다 은하 사이에 있다.

소행성 태양계 내에 있는 행성보다 작은 암석 덩어리의 천체로서, 태양 주위를 공전하고 있다. 지금까지 확인된 대부분의 소행성들은 화성과 목성 사이에 있는 소행성대에 있다. 2012년 카네기연구소(워싱턴 소재)는, 지구상의 물은 당시에 알려져 있던 것처럼 혜성이 아니라 지구에 떨어진 소행성에서 공급되었다는 연구결과를 제시했다.

시공간 이론물리학자인 아인슈타인이 제시한 공간과 시간의 연속체. 우주에 대한 전통적인 관점에서는 공간의 3차원과 시간의 한 차원이 서로 분리되어 있지만, 시공간은 4차원의 연속체이다.

61시그니 백조자리에 있는 쌍성으로, 태양을 제외하면 지구로부터의 거리가 최초로 측정된 별. 1838년에 프로이센 천문학자인 프리드리히 베셀이 이 별의 시차를 측정하여 그 거리를 10.4광년으로 계산했다. 실제 거리는 11.4광년이다.

적색편이 어떤 물체가 관측자에서 멀어지는 경우, 그 물체에서 방출되는 빛의 파장이 스펙트럼 상의 적색 부분으로 이동되는 현상. 우리에게서 멀어지고 있는 먼 은하에서 오는 빛은 적색편이 현상을 보인다. 청색편이와는 반대로, 광원이 관측자에게서 멀어지기 때문에 빛의 파장이 늘어나서 스펙트럼 상의 장파장 부분으로 이동된다.

중력 물체들이 서로를 끌어당기는 힘. 중력의 크기는 두 물체의 질량의 곱에 비례하고, 두 물체 사이 거리의 제곱에 반비례한다. 지구에서는 중력 때문에 물체들이 무게를 갖게 되며, 공중에서 놓으면 땅으로 떨어진다. 우주공간에서 중력은 여러 가지 효과를 나타낸다. 예를 들면 지구와 행성들이 태양 주위를 공전하게 만들며, 태양도 우리 은하의 중심부 주위를 공전하게 만든다. 블랙홀도 중력에 의해 만들어진다. 어느 영역에 있는 물질들이 압축되어 질량이 거대해지면, 강력한 중력에 의해 주변의 모든 것들이 빨려 들어가는 블랙홀이 된다.

청색편이 어떤 물체가 관측자를 향해 움직이는 경우, 그 물체에서 방출되는 빛의 파장이 스펙트럼 상의 청색 부분으로 이동되는 현상. 예를 들면 국부은하군 내에서 우리 은하를 향해 움직이고 있는 안드로메다 은하로부터 방출된 빛은 청색편이를 보인다. 광원이 관측자를 향해 움직이기 때문에 빛의 파장이 짧아져서 스펙트럼 상의 단파장 부분으로 이동된다.

타원 납작한 원. 2개의 정점으로부터의 거리의 합이 항상 일정한 동점이 그리는 폐곡선이다. 주행성 주위를 도는 위성, 태양 주위를 도는 행성들, 별 또는 은하의 중심 주위를 도는 별의 궤도는 모두 타원이다.

프록시마 켄타우리 켄타우루스자리(궁수자리)에 있는 적색왜성. 태양 다음으로 가까운 별로서 약 4.3광년 거리에 있다. 2개의 별로 구성된 알파 켄타우리는 두 번째와 세 번째로 가까운 별이며, 프록시마 켄타우리에서 불과 0.2광년 떨어져 있다. 한때 천문학자들은 알파 켄타우리를 쌍성으로 분류했지만, 지금은 프록시마 켄타우리를 포함하여 삼중성으로 보고 있다.

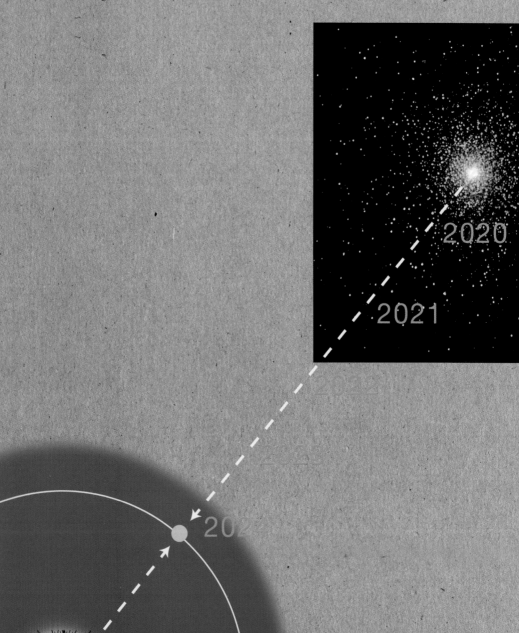

2020

2021

2022

광년과 파섹

LIGHT-YEARS & PARSECS

30초 저자
폴 머딘

관련 주제
별의 색깔과 밝기
57쪽

3초 인물 소개
올레 뢰머
1644~1710
최초로 빛의 속도를 측정한 독일의 천문학자.

프리드리히 베셀
1784~1846
프러시아의 수학자이자 천문학자.

1543년 이전에는 대부분의 천문학자들이 별의 위치가 변하지 않는다는 이유를 들어 지구가 정지되어 있다고 주장했다. 하지만 1543년 니콜라우스 코페르니쿠스에 의해 지구가 태양 주위를 공전하고 있다는 사실이 밝혀졌다. 별들의 상대적인 위치가 변하지 않는 이유는 지구에서 아주 멀리 떨어져 있기 때문이다.

그런데 정확하게 관측하면 별들의 위치가 조금씩 변하는 것을 알 수 있다. 이는 지구의 공전 때문에 관측자의 위치가 달라져서 마치 별이 움직이는 것처럼 보이는 겉보기 운동인데, 이를 '시차'라고 한다. 별의 시차를 최초로 측정한 천문학자는 프리드리히 베셀이다. 그는 1838년에 백조자리에 있는 61시그니라는 별을 관측하여 그 시차를 각거리 1/3초(약 1/10,000도)로 측정했다. 이 각도는 대략 135미터 거리에서 쳐다본 바늘의 두께에 해당되는 미세한 각도이다. 시차가 각거리로 1초인 별까지의 거리를 1파섹(가장 가까운 별도 이보다는 훨씬 멀다)으로 정의하는데, 1파섹은 30조 6,000만 킬로미터에 해당된다. 베셀은 61시그니까지의 거리가 빛이 11년 동안 가는 거리라고 계산했다. 빛이 1년 동안 가는 거리를 1'광년'이라고 하며, 1광년은 9조 5,000만 킬로미터에 해당한다.

3초 폭발
별까지의 거리는 빛이 가는 데 걸리는 시간인 광년 또는 지구의 공전 때문에 생기는 별의 위치 변화인 시차로 나타낸다.

3분 궤도
1694년 자연철학자인 프란시스 로바르테스는 "빛이 별에서 지구까지 오기에는 서인도 항해(특별한 일이 없으면 6주 소요)보다 더 많은 시간이 걸린다"라고 썼는데, 별까지의 거리에 대한 17세기의 생각을 엿볼 수 있다. 가장 가까운 별인 프록시마 켄타우리조차도 4.3광년(40조 9,000만 킬로미터)이나 떨어져 있으며, 시차는 각거리로 0.7초이다.

가장 가까운 별에서 나온 빛조차도
4년 만에 지구에 도달한다.
그러나 태양 빛은 단 8분 만에
지구에 도달한다.

타원과 궤도

ELLIPSES & ORBITS

30초 저자
폴 머딘

3초 인물 소개

티코 브라헤
1546~1601
덴마크의 천문학자.

요하네스 케플러
1571~1630
3가지 행성 운동법칙을 발견한 독일의 천문학자.

에드먼드 핼리
1656~1742
핼리혜성의 궤도를 최초로 계산한 영국의 천문학자.

에드워드 로렌츠
1917~2008
혼돈이론의 선구자인 미국의 기상학자.

16세기까지도 천문학자들은 태양 주위를 도는 행성들의 공전궤도는 원 또는 여러 원이 결합된 주전원이라고 믿었다. 망원경이 없던 시절에 티코 브라헤는 관측소를 세워 행성들의 실제 운동을 육안으로 관측했고, 그의 제자였던 요하네스 케플러는 1605년에 스승의 관측 자료를 이용하여 행성들의 공전궤도가 타원이라는 사실을 밝혀냈다. 하지만 아무도 그 이유를 설명하지 못했다.

수수께끼로 남아 있던 타원궤도의 비밀을 푼 사람은 아이작 뉴턴이었다. 그는 타원궤도가 자신의 중력이론(태양과 행성 사이에 작용하는 중력은 두 천체 간 거리의 제곱에 반비례한다)의 결과임을 입증했다. 어떤 별 주위를 공전하는 별 또는 어떤 행성 주위를 공전하는 위성의 궤도도 역시 타원이다. 뉴턴은 자신의 이론이 우주 전체에 적용되는 '보편적' 이론이라고 자랑했다. 특히, 뉴턴의 친구였던 에드먼드 핼리가 뉴턴의 이론을 이용하여 태양 주위를 도는 특정 혜성(현재 핼리 혜성으로 알려져 있는 혜성)의 궤도가 납작한 타원이고 75년마다 지구로 되돌아온다는 사실을 입증한 것은 뉴턴 이론의 큰 승리였다. 태양 주위를 도는 전형적인 혜성들의 궤도는 포물선이지만, 이는 궁극적으로 아주 길고 폭이 좁은 타원으로 볼 수 있다.

3초 폭발
중력은 천체의 운동에 가장 큰 영향을 미치는 힘이며, 아이작 뉴턴이 발견한 중력법칙은 과학의 새로운 시대를 열었다.

3분 궤도
태양계에서는 태양의 중력이 지배적이고 다른 행성들의 중력은 무시할 수 있기 때문에, 타원이 행성의 궤도로 잘 맞아 떨어진다. 하지만 엄밀하게 보면, 별 주위를 도는 둘 이상의 행성들은 서로 중력적 영향을 미쳐 공전할 때마다 그 궤도가 조금씩 달라지며, 이 차이는 시간이 지날수록 커지게 된다. 천체의 궤도는 우리가 생각하는 것처럼 정확하게 결정되어 있지 않다.

행성과 소행성들은 태양을 중심으로 타원궤도를 따라 공전한다. 혜성들의 공전궤도는 타원인 경우도 있고, 포물선인 경우도 있다.

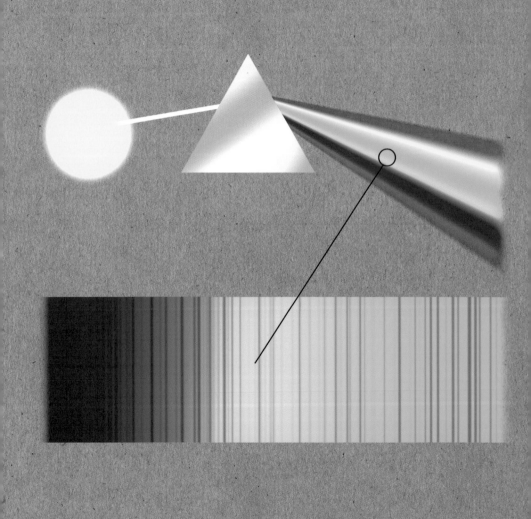

빛의 스펙트럼

THE LIGHT SPECTRUM

30초 저자
자코리 베르타

빛은 파동이며, 파동의 크기인 파장에 따라 그 색깔이 결정된다. 보통 우리가 보는 빛은 파장이 400~750나노미터, 색깔이 청색/보라색에서 적색까지인 여러 가시광선이 합쳐진 것이다. 천문학자들은 분광기를 이용하여 천체에서 오는 빛을 무지개 형태인 스펙트럼으로 분리하고, 각 파장에서의 밝기를 측정한다. 우리의 눈 역시 분광기이지만, 정확성이 떨어진다. 스펙트럼의 여러 파장들을 세 그룹으로 묶어서, 모든 색깔을 '빨강색', '녹색', '청색'의 혼합으로만 지각한다. 그래서 백열전구의 빛(연속적으로 이어지는 여러 파장의 빛의 혼합)과 형광등의 빛(서로 다른 몇 개 파장의 빛의 혼합)은 해상도가 높은 분광기를 통과할 경우 스펙트럼이 서로 다르지만, 우리 눈에는 같은 빛으로 보인다.

천문학자들은 분광기를 이용하여 먼 천체들을 직접 가보지 않고도 분석할 수 있다. 다른 종류의 원자와 분자들은 파장의 조합이 서로 다른 빛을 방출하거나 흡수한다. 스펙트럼에 나타나는 이러한 특성을 관찰함으로써 천문학자들은 소행성의 광물학적 구성, 별의 구성 성분, 백색왜성의 중력, 은하들의 운동, 강착이 진행 중인 블랙홀의 모습과 같은 여러 천체현상들을 망원경 조종실에서 편안하게 알아낼 수 있다.

관련 주제

태양
39쪽
별의 색깔과 밝기
57쪽
가시광선을 넘어서
105쪽

3초 인물 소개

아이작 뉴턴
1642~1727
만유인력(중력)의 법칙을 발견한 영국의 물리학자.

세실리아 페인
1900~1979
태양빛의 스펙트럼을 분석하여 태양의 구성물질을 밝혀낸 영국계 미국인 천체물리학자.

3초 폭발

빛은 눈에 보이는 것 이상의 의미를 갖고 있다. 천문학자들은 천체에서 오는 빛을 수많은 색으로 분리하여 우주를 연구한다.

3분 궤도

빛의 파동은 음파와 비슷하다. 자동차가 사이렌을 울리며 우리 옆을 지나갈 때, 그 음의 높낮이가 다르게 들린다. 자동차의 운동이 음파를 압축하거나 늘어나게 만들기 때문이다. 마찬가지로, 빛의 파장도 광원의 운동 방향에 따라 청색편이(파가 압축되는 경우) 또는 적색편이(파가 늘어나는 경우)를 일으킨다. 고해상의 분광기술은 1초에 1미터 정도(별이 공전하는 행성을 끌어당길 때 나타나는 운동의 정도)의 작은 운동까지도 탐지해낼 수 있다.

별빛의 스펙트럼은 대부분 연속적인 무지개 형태를 보이지만, 어떤 파장의 빛은 별 속의 원자나 분자에 의해 흡수되어 검은 선으로 나타난다.

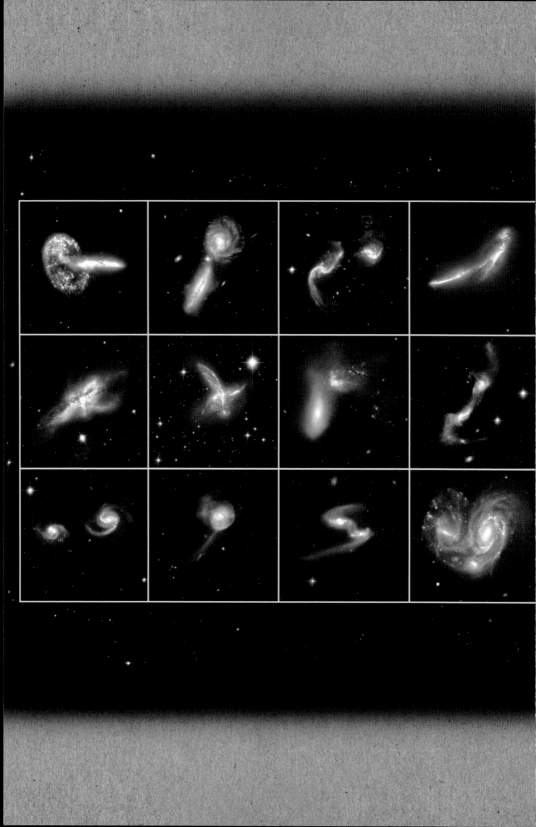

중력

GRAVITY

3초 인물 소개

아이작 뉴턴
1642~1727
만유인력(중력)의 법칙을 발견한 영국의 물리학자.

알베르트 아인슈타인
1879~1955
상대성이론을 창시한 독일·스위스계 미국인 이론물리학자.

17세기에 영국의 물리학자이자 수학자인 아이작 뉴턴은 물체에 작용하는 보이지 않는 인력인 중력의 개념을 도입했다. 우주에 존재하는 모든 물체는 다른 물체들을 끌어당기며, 그 인력의 세기는 질량이 클수록 크고 물체들 사이의 거리가 멀어질수록 작아진다는 것이 그가 제시한 중력 법칙이다. 중력은 물체의 질량에 무게라는 개념을 부여하며, 자유로운 상태에 있는 물체의 운동 방향을 결정한다.

가까이 있는 천체들의 거동은 중력의 원리에 의해 대부분 설명될 수 있다. 행성들과 그 위성들의 궤도운동을 정확하게 설명할 수 있으며, 무인 우주탐사선도 성공적으로 발사할 수 있다. 우리 은하 내의 별들의 운동, 국부은하군과 같은 은하단 내의 은하들의 운동도 중력에 의해 결정된다.

우리는 미국의 물리학자인 알베르트 아인슈타인의 일반상대성이론(1915) 덕분에 중력을 더욱 잘 이해할 수 있게 되었다. 물체의 속도가 빛의 속도에 가까운 경우에 상대성이론은 뉴턴 이론보다 훨씬 우월하다. 하지만, 우리는 중력의 역할에 대해서는 잘 알지만 그 정체는 알지 못한다. 이 문제는 중력과 양자이론의 통합문제와 더불어 물리학계의 중요한 숙제로 남아 있다.

30초 저자
앤디 파비안

3초 폭발
우주를 이해하는 데 있어 중력은 중요한 요소이다. 왜냐하면 중력은 천체들의 운동과 상호작용을 결정하는 힘이기 때문이다.

3분 궤도
어떤 천체에 작용하는 중력들의 세기에 차이가 있을 경우 기조력이 생긴다. 지구의 경우, 달에 가장 가까운 바다와 가장 먼 바다에 작용하는 중력의 차이가 매일 두 차례의 밀물과 썰물을 일으킨다. 두 개의 은하가 합쳐지는 경우에도 기조력이 발생하여 별들과 가스의 기다란 흐름이 생기며, 블랙홀에 아주 가깝게 지나가는 별은 기조력 때문에 산산조각이 날 수도 있다.

두 은하가 상대적으로 느린 속도로 서로 접근하는 경우, 서로에게 작용하는 중력의 차이에 의해 가스와 별의 기다란 꼬리가 찢겨 나와서 본래의 나선 형태를 변형시키고 있다.

상대성이론

RELATIVITY

30초 저자
앤디 파비안

알베르트 아인슈타인은 그의 특수상대성이론 (1905)에서, 길이와 시간구간에 대한 측정이 관측자와 관측대상 물체(또는 사건)의 상대적 속도에 의해 영향을 받는다고 밝혔다. 정지상태에 있는 관측자가 빠른 속도로 움직이고 있는 시계를 관측할 경우, 그 시계의 시침과 분침이 느리게 가는 것으로 보이며, 물체의 길이도 정지상태일 때보다 짧아 보인다는 것이다. 그러나 빛의 속도와 물리법칙은 관측자의 속도와 관계없이 변하지 않는다. 여기서 아인슈타인의 유명한 방정식인 $E=mc^2$가 나왔다. 이 방정식은 질량이 에너지로 변환될 수 있음을 의미하며, 이 개념을 통해 별이 원자핵 융합 과정에서 생긴 질량의 결손분을 에너지로 방출하는 현상을 설명할 수 있다.

1915년에 아인슈타인은 관측자와 관측대상 물체의 상대속도를 가속도까지 확장하여 특수상대성이론을 일반상대성이론으로 발전시켰다. 이 이론은 어떤 물체의 존재가 시공간을 굽게 만든다는 새로운 개념으로 중력을 설명한다. 즉 우주 내의 물체의 분포가 우주공간의 전체적인 형태에 영향을 미친다는 것이다. 국부적으로는 관측자가 느끼는 아래쪽 방향의 중력과 위쪽 방향으로의 가속운동을 서로 구분할 수 없다는 등가원리도 또한 이 이론의 탁월한 결과이다.

3초 인물 소개
헨드릭 로렌츠
1853~1928
상대성이론의 로렌츠 변환을 고안한 덴마크의 물리학자.

알베르트 아인슈타인
1879~1955
상대성이론을 창시한 독일 · 스위스계 미국인 이론물리학자.

3초 폭발
상대성이론은 관측자와 물체 사이의 상대적인 속도와 가속도가 거리와 시간, 중력의 작용에 대한 측정치에 어떤 영향을 미치는지를 기술하고 있다.

3분 궤도
상대성이론은 여러 실험에 의해 그 정확성이 입증되어왔다. 뉴턴의 중력이론과는 달리, 상대성이론은 수성의 변칙적인 궤도운동, 중력렌즈효과에 의한 신기루 현상, 그리고 강력한 중력장에서의 시간 지연 현상을 설명할 수 있다. 또한 상대성이론은 아주 가까운 쌍성들이 중력파(빛의 속도로 전파되는 시공간의 물결)의 방출로 인해 나선을 그리며 서로 접근하는 현상도 설명할 수 있다.

행성, 별, 은하와 같은 거대한 천체들은 주위의 공간을 깊은 우물처럼 휘게 만든다.

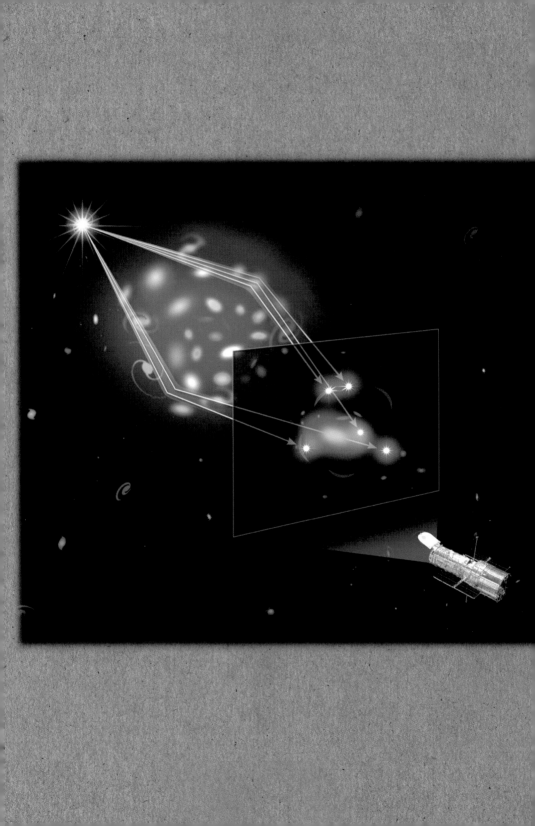

중력렌즈효과

GRAVITATIONAL LENSING

30초 저자
자코리 베르타

3초 인물 소개

프리츠 츠비키
1898~1974
암흑물질이 존재할 가능
성을 최초로 제기한 스위
스의 천문학자.
(133쪽 참조)

보단 파친스키
1940~2007
중력렌즈, 미시중력렌즈
현상의 관측 가능성을 주
장한 폴란드의 천문학자.

빛이 공기에서 유리로 들어갈 때 굴절 현상이 일
어나며, 확대렌즈는 이러한 굴절 현상에 의해 빛
을 모으는 역할을 한다. 진공 상태인 우주공간에
서는 빛이 직선 경로를 따라 이동하며, 이 직선
궤적에서 절대 벗어나지 않는다. 그런데 빛이 거
대한 물체의 옆을 지나갈 때는 어떻게 될까? 알베
르트 아인슈타인의 일반상대성이론에 의하면, 그
물체의 중력에 의해 공간 자체가 휠 것이다. 공간
이 휘면, 그 공간을 통해 진행하는 빛의 궤적도
역시 휠 것이기 때문에 마치 볼록렌즈의 집광과
같은 현상이 나타난다. 이것이 '중력렌즈'이다.

어떤 천체에 가려져 있는 배후 천체는 중력렌
즈효과에 의해 모양이 변형되어 보이거나 밝기
가 증폭된다. 우리 태양의 질량보다 1,000조 배
나 무거운 은하단의 경우 중력렌즈효과가 강력
해서, 그 배후의 은하에서 오는 빛의 밝기가 크
게 증폭되고 그 모습이 얇은 고리처럼 아름답게
변형되어 보이기도 한다. 드물기는 하지만, 중력
렌즈가 망원경 앞에 제대로 위치하여 자연적인
줌 렌즈의 역할을 하는 경우도 있다. 이 경우에
는 관측가능한 가시(可視) 우주의 끝자락에 있는
탄생 초기 상태의 젊은 은하들을 놀랄 만큼 자
세히 살펴볼 기회가 주어진다. 은하단뿐 아니라,
초대형 블랙홀부터 아주 작은 행성들까지 많은
천체들이 소규모의 중력렌즈로서의 역할을 할
수 있다.

3초 폭발
우주에는 천체물리학적
돋보기인 중력렌즈가 수
없이 흩어져 있어서 배후
에서 오는 별빛이 휘거나
증폭되어 망원경에 도달
한다.

3분 궤도
천문학자들은 우리 은하
내의 별이나 행성에 의해
생기는 '미시중력렌즈'(밝
기만 증폭되고 모습의 변
형은 없는 렌즈 현상)에
의해 별빛의 밝기가 증폭
되는 현상을 찾아내기 위
해 수백만 개에 이르는 별
의 밝기를 감시하고 있다.
우주공간에 떠도는 별이
나 행성들이 먼 배후의 별
들과 우리의 시선방향으
로 겹치는 경우가 드물게
있으며, 이때 배후의 별빛
이 잠시 동안 극도로 밝아
진다. 지금까지 이러한 미
시중력렌즈 관측기술을
이용하여 10개 이상의 행
성들이 발견되었다.

**거대한 은하단은 배후의 천체에서 오는 빛을 휘게 하고
그 모습을 확대시켜 여러 개의 상을 만들어내기 때문에,
배후의 천체를 망원경으로 관측할 수 있다.**

1898년 2월 14일
불가리아 바르나에서 출생

1904년
스위스로 유학. 취리히에
있는 스위스연방공과대학에서
수학하다

1925년
미국으로 이민을 가다.
록펠러 펠로십으로
캘리포니아공과대학에서
일하다

1933년
암흑물질의 존재를 추론하다

1934년
『초신성에서 오는 우주선(線)』
(월터 바데 공저)을 출간하고,
'초신성'이란 용어를 처음으로
사용하다

1935년
바데와 함께 슈미트 망원경
사용의 길을 터다

1937년
아인슈타인이 예견한 중력렌즈
현상이 은하단과 성운에서
나타날 것이라고 주장하다

1942년
캘리포니아공과대학의
천문학과 교수로 임용되다

1943~1961년
항공제트공학회사의
연구소장과 기술고문으로
일하다

1946년
『지구발(發) 운석의 가능성에
관하여』를 출간하다

1949년
로켓 추진체 연구업적으로
자유의 메달을 수상하다

1961~1968년
연구진과 함께 여섯 권의
『은하와 은하단의 목록』을
편찬하다. 캘리포니아공과대학
명예교수가 되다(1968)

1969년
『형태학적 분석에 의한 발견,
발명, 연구』를 출간하다

1971년
『엄선한 고밀도의 은하 목록』을
자비로 출간하다

1972년
왕립천문학회의 골드 메달을
수상하다

1974년 2월 8일
캘리포니아주 파사데나에서
사망, 스위스 몰리스에 묻히다

프리츠 츠비키

프리츠 츠비키는 암흑물질의 아버지로 알려져 있는 천문학자로서, 암흑물질을 확인하고 그 이름을 붙인 사람이다. 그는 불가리아에서 출생했으며, 아버지는 스위스인, 어머니는 체코인이었다. 취리히에 있는 유명한 스위스연방공과대학을 다녔으며, 그 후 미국으로 이민을 가서 일생의 대부분을 캘리포니아공과대학에서 보냈다. 그는 천문학과 물리학을 서로 결합시키기 위해 노력함으로써 캘리포니아공과대학 최초(그리고 세계 최초)의 천체물리학자가 되었다.

츠비키는 독창적인 사색을 즐기는 독불장군이었다. 그가 일찍이 제안했던 아이디어와 이론들은 당시 여러 사람들의 조롱의 대상이 되었지만, 결국은 정설로 발전되었다. 암흑물질, 중성자별, 중력렌즈 현상, 초신성의 존재를 예견한 것이 그런 예이다. 아직 확인되지 않은 아이디어들(핵 도깨비, 태양계 내 행성들의 이동과 재정렬, 인공 운석의 제조)은 공상과학소설에서 여전히 등장하고 있다. 실용적인 업적으로는 츠비키의 여섯 권의 은하목록과 2차 세계대전 시기에 이루어진 제트 추진체에 관한 선구적인 연구업적을 들 수 있다.

츠비키는 문제 해결을 위해 도표를 이용하여 생각을 정리하는 방법을 개발했다. 이것이 형태학적 분석으로서, 쾨테가 제안한 과학적 연구기법을 세련되게 다듬은 것이다. 이것은 관련성이 없어 보이는 자료까지 모든 자료를 모아서 매트릭스 형태의 도표로 정리, 조합함으로써, 문제의 해법으로 가능한 모든 결과를 살펴보는 기법이다. 미심쩍은 얘기지만, 그는 관측에 방해가 되는 대기 교란현상을 없애기 위해 조수에게 망원경 관측창으로 권총을 쏘게 한 일이 있었다고 한다. 효과는 전혀 없었겠지만, 그가 얼마나 괴팍하고 자유분방한 사고의 소유자인지를 보여주는 일화이다.

츠비키는 훌륭한 과학적 업적에도 불구하고 그에 합당한 대우를 받지 못했는데, 이는 동료와 제자들에 대한 그의 태도 때문이었다. 그는 다른 사람의 어리석은 짓을 절대 용서하지 않은 사람으로 유명하다. 그리고 자신은 항상 옳고 다른 사람들, 심지어 로버트 오펜하이머까지도 어리석다는 확신에 차 있었다. 그는 자신이 저술한 『엄선한 고밀도의 은하목록』(1971) 서문에서 자신을 영웅적인 외로운 늑대라고 자화자찬한 반면, 다른 사람들은 산만하고 케케묵은 아첨꾼들, 꼬리를 살랑살랑 흔들어대는 아첨꾼들이라고 신랄하게 비난했다. 일부 제자들이 이 서문에 대해 문제를 제기했지만, 숨을 거두는 순간까지도 한 발짝도 물러서지 않았다고 한다.

웜홀

WORMHOLES

30초 저자
앤디 파비안

알베르트 아인슈타인의 일반상대성이론은 블랙홀의 존재를 예견하고 있으며, 블랙홀은 우주의 다른 장소 또는 다른 우주로 가는 다리를 만들어낸다고 한다. 이 다리는 시공간의 서로 다른 지점을 연결하는 튜브(웜홀: 벌레구멍)의 형태를 취한다. 예를 들어 2차원인 사과의 표면을 우주공간이라고 하면, 사과 표면의 서로 다른 두 지점을 연결하는 '지름길'은 사과 속을 일직선으로 파고 들어가는 터널이다. 이 터널이 웜홀이다.

웜홀을 통과하는 데 걸리는 시간은 공간(사과 표면) 상에 있는 정상적인 경로를 따라가는 것보다 훨씬 적게 걸리기 때문에, 웜홀은 우주공간을 광속보다 빠른 속도로 이동하는 수단으로 이용될 가능성이 있다. 예를 들어 웜홀의 한쪽 입구는 엄청난 속도로 가속되고 있고, 다른 쪽 입구는 정지되어 있다고 하자. 그러면 아인슈타인의 특수상대성이론에 의해, 가속된 입구에서는 시간이 지연되는 현상이 발생한다. 그래서 웜홀의 정지되어 있는 입구로 들어가서 가속된 입구로 나오면 나오는 시각이 출발시각 이전인 과거 시각이 될 수 있다. 즉 과거로 거슬러가는 시간여행이 가능한 것이다. 하지만 웜홀은 아직 순수한 이론적 개념에 불과할 뿐아니라, 거대한 별이 붕괴되어 형성되는 블랙홀의 경우에는 웜홀이 만들어지지 않는다.

관련 주제

블랙홀
73쪽

암흑에너지
115쪽

상대성이론
129쪽

3초 인물 소개

알베르트 아인슈타인
1879~1955
상대성이론을 창시한 독일 · 스위스계 미국인 이론물리학자.

네이선 로젠
1909~1995
아인슈타인-로젠 다리의 개념(웜홀)을 도입한 미국계 유대인 물리학자.

존 아치볼드 휠러
1911~2008
웜홀과 블랙홀의 용어를 만든 미국의 이론물리학자.

3초 폭발

웜홀은 우리 우주 내의 다른 지점 또는 평행우주로 가는 시공간의 가상적인 터널을 말한다.

3분 궤도

웜홀은 시공간 여행의 수단으로 활용하기에는 불안정한 것으로 예측되고 있다. 즉 웜홀은 급속도로 붕괴되기 때문에 여행을 마치기도 전에 출구가 소멸될 수 있다는 것이다. 하지만 우주 내의 암흑에너지처럼 '반중력'을 만들어내는 특이한 물질들로 웜홀을 채우면, 웜홀의 출구를 열린 채로 유지할 수 있다고 주장하는 과학자들도 있다.

웜홀은 옆 그림처럼 우주의 다른 시간과 장소를 연결할 수 있는 통로이다.

다른 세계들

우주
용어해설

거시적 '미시적'에 반대되는 개념. 거시적 물체는 육안으로 볼 수 있는 물체이며, 미시적 물체는 현미경을 사용해야만 볼 수 있다.

기체외피층 중력에 의해 뭉쳐져 있는 가스구름으로서 성운을 형성한다. 지구의 대기도 기체외피층이라고 부르기도 한다.

바이킹 NASA의 화성 탐사 계획. 바이킹 1호와 바이킹 2호가 각각 1975년 8월, 9월에 발사되어 1976년 7월, 9월에 화성에 착륙했다.

섭동 행성과 같은 큰 물체에 여러 물체의 중력이 복합적으로 작용하여 나타나는 복잡한 운동. 섭동은 행성, 위성 또는 대기의 운동을 지배하는 천체 이외의 물체가 이들에 영향을 미쳐 나타나는 효과라 할 수 있다. 천문학자들은 어떤 별의 궤도에서 나타나는 중력적 섭동현상을 탐지하여 외계 행성의 존재를 확인할 수 있다. 은하의 중심 주위를 공전하는 별의 정상적인 궤도가 행성의 중력 때문에 변형되기 때문이다. 외계 행성은 아주 멀리 떨어져 있어서 볼 수 없기 때문에, 별의 섭동현상을 통해 그 존재를 추론하는 것이다.

슈퍼지구 지구(5.9722×1024킬로그램)와 해왕성(102.4×1024킬로그램) 사이의 질량을 갖는 외계 행성. 해왕성의 질량은 지구의 질량의 17.5배이다.

HD 209458b 페가수스자리에 있는 별 HD 209458 주위를 공전하고 있는 외계 행성. 태양에서 약 150광년 떨어져 있다. 중심별 앞을 지나가는 모습이 관측된 최초의 외계 행성이며, 대기가 있는 것으로 조사된 최초의 외계 행성이다. 이 행성의 공전궤도는 중심별에 너무 가까워서 공전주기가 지구시간으로 3.5일에 불과하며, 표면의 온도는 1,000℃인 것으로 추정된다.

51페가시 페가수스자리에 있는 51번 별. 지구에서 50.9광년 떨어져 있다. 이 별 주위를 공전하고 있는 페가시 51B는 최초로 확인된 외계 행성이다.

외계 생명체 지구에서 발현되지 않은 생명체. 수 개의 세포로 이루어진 유기체에서부터 우리가 일반적으로 상상하는 '외계인'까지 가상적인 모든 형태의 생명체를 일컫는 말이다.

외계 행성 태양계 밖에 있는 행성.

원시 행성 원반 탄생 과정의 새로운 별 주위를 둘러싸고 있는 회전하는 가스 원반.

지구물리학 물리학 이론과 방법을 이용하여 지구와 대기를 연구하는 학문.

GJ 1214b 뱀주인자리에 있는 별 GJ 1214 주위를 공전하는 외계 행성. 2009년에 발견되었으며, 태양에서 약 40광년 떨어져 있다. 반지름과 질량이 지구보다는 크고, 태양계의 거대 가스 행성보다는 작은 슈퍼지구의 일종이다. 허블망원경으로 관측한 GJ 1214b는 질량의 대부분이 물로 이루어져 있음을 보여주고 있어서, 이 행성이 해양 행성(표면이 물로 뒤덮여 있는 행성)일 가능성이 있는 것으로 추정되고 있다.

천체물리학 우주 전체와 천체의 물리적 특성, 구조, 상호작용을 연구하는 천문학의 한 분야.

천체생물학 태양계 밖의 외계 생명체를 다루는 생물학. 지구 상의 초기 생명체의 진화도 연구한다. 가상의 외계 생명체에 대한 외계 환경의 영향, 외계 생명체의 흔적과 같은 좀 더 좁은 분야의 연구를 우주생물학이라 한다.

케플러 계획 NASA의 열 번째 탐사 계획. 케플러 우주망원경을 쏘아올려 생명체 거주가능 지역(생명체의 출현에 필요한 충분한 대기압과 물을 가질 가능성이 있는 지역)에 존재하는 외계 행성인 슈퍼지구를 탐사하는 계획.

케플러 10b 용자리에 있는 별 케플러 10 주위를 공전하고 있는 외계 행성. 태양에서 약 564광년 떨어져 있다. NASA의 케플러 계획에 따라 발사된 케플러 우주망원경에 포착되었으며, 케플러 10b와 케플러 10c를 비롯한 2개 이상의 행성이 존재하는 행성계임이 밝혀졌다.

큐리오시티 NASA 화성과학연구소가 2011년 11월 26일 발사하여 2012년 8월 6일에 화성에 착륙했던 화성탐사선.

탄소 모든 형태의 생명체에서 발견되는 원소. 수소, 헬륨, 산소에 이어 우주에서 네 번째로 많은 원소이며, 별 내부의 핵융합 과정에서 헬륨이 연소한 후 생기는 산물이다.

통과 현상(트랜싯 transit) 관측자가 바라보는 별의 앞면으로 행성이 지나가는 현상. 천문학자들은 이 현상이 일어나는 동안 허블우주망원경을 이용하여 행성의 대기의 존재여부를 확인할 수 있다.

해양 행성 표면이 완전히 바다로 뒤덮여 있는 가상적인 행성. 천문학자들은 얼음으로 뒤덮인 행성이 형성 과정에서 별을 향해 접근할 경우, 얼음이 녹아 물로 변하여 해양 행성이 될 수 있다고 생각한다.

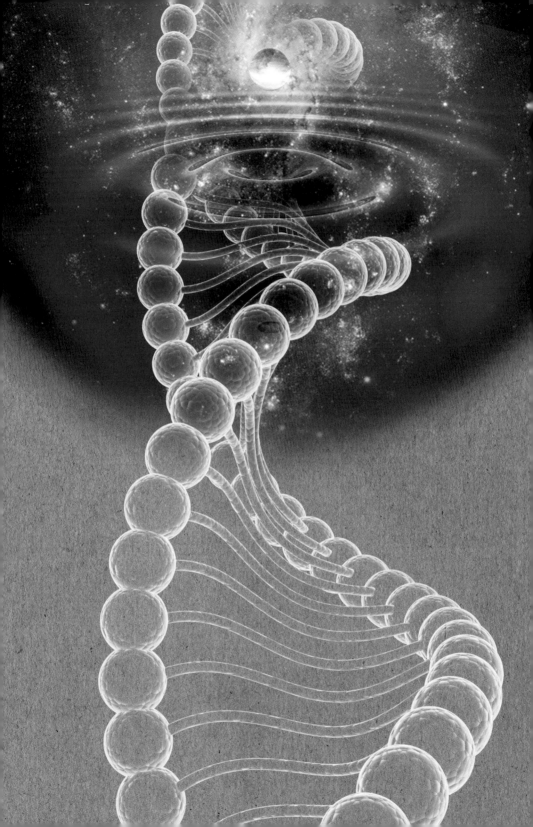

외계 생명체

EXTRATERRESTRIALS

30초 저자
프랑수아 프레신

관련 주제

3초 인물 소개

엔리코 페르미
1901~1954
양자역학 이론과 실험 양면에서 뛰어난 업적을 남긴 이탈리아계 미국인 물리학자.

프랑크 드레이크
1930~
외계의 지적생명체 탐사를 주도한 미국의 천문학자이자 천체물리학자.

질 타터
1944~
외계의 지적생명체를 연구하는 미국의 천문학자이자 우주생물학자.

지구가 우주의 중심이라고 생각했던 고대 시대 이래 세월이 흐를수록 인류는 우주에 대해 점점 더 많은 사실을 알게 되었고, 그 결과 이제 태양계에 대해서는 더 이상 새로울 것이 없게 되었다. 그래서 우주탐사는 태양계 밖으로 눈을 돌리게 되었고, 이 과정에서 최근에 이루어진 획기적인 사건은 외계 행성들의 발견이다. 천문학자들은 우주에 지구와 유사한 행성들이 아주 많을 것으로 추정하고 있다. 그렇다면 우리에게 익숙한 원자와 분자들로 이루어진 생명체, 우리가 잘 알고 있는 생명체들이 우주에 흔하게 존재한다고 해도 그리 놀랄 일이 아닐 것이다.

그러나 아직 태양계 내부와 외부 어디에서도 생명체가 존재한다는 징후를 찾아내지 못했으며, 어떤 생명체가 지구를 찾아온 흔적도 발견되지 않았다. 이 사실은 다른 문명과 교류할 만큼 고도로 발전된 외계 문명이 거의 없다는 것을 의미한다. 우주에 '또 다른 지구'들이 아주 많이 존재할 가능성이 높다는 점과 기술발전이 기하급수적인 속도로 이루어지고 있는 점을 감안하면, 이는 모순이 아닐 수 없다. 이 모순을 설명할 수 있는 가설 중 하나는 고도로 발전한 문명의 존속기간이 짧다는 것이다. 인류에 의한 지구환경 파괴로 경고음이 울리고 있는 이때에 이 가설이 시사하는 바는 아주 크다고 하겠다.

3초 폭발
최근 우주에서 생명체를 찾아보기가 어렵다는 징후가 보이기는 하지만, 외계 생명체의 존재 여부는 여전히 풀리지 않은 의문으로 남아 있다.

3분 궤도
외계 생명체가 어떤 모습일지 예견하기는 어렵다. 생명은 통상 스스로 조직하고 재생산하며 환경에 반응하고 세대를 거듭하며 진화한다. 생명은 물 속에 있는 탄소 원자의 화학적 작용에 의해 손쉽게 발현될 수 있을 것으로 보이지만, 이것 또한 지구의 생명체인 우리들의 생각에 불과하다.

지구의 생명은 DNA가 그 토대이다.
외계의 생명도 역시 거대 분자의
복제로부터 발현되었을까?

1934년 11월 9일
뉴욕 브루클린에서 출생

1954년
시카고대학의 문학사 과정을
졸업하다

1955년
시카고대학 물리학 분야의 이학사
과정을 졸업하고, 1956년에
석사과정을 졸업하다

1960년
시카고대학의 천문학 및
천체물리학 분야 박사학위를
취득하다

1960~1962년
캘리포니아대학 밀러연구소의
회원이 되다

1962년
금성의 표면이 건조하고 뜨겁다는
그의 가설이 NASA의 우주탐사선인
마리너 2호에 의해 입증되다

1962~1968년
메사추세츠주 케임브리지에 있는
스미소니언 천체물리관측소에서
근무, 하버드대학에서 강의하다

11971년
뉴욕주 이타카에 있는
코넬대학에 근무하다

1972년
코넬대학의 정교수, 행성연구소
소장이 되다. 1981년까지
전파물리학 및 우주 연구센터의
부센터장을 역임하다

1972년
세이건이 고안한 외계 생명체에
보내는 금속 그림판을 장착한
파이어니어 10호가 발사되다

1977년
NASA의 공로훈장을 수상하다

1978년
『에덴의 용: 인간 지성의 진화에
대한 고찰』(1977)이라는 저서로
논픽션부문 퓰리처상을 수상하다

1979년
『브로카의 뇌: 과학의 공상적
이야기에 대한 고찰』을 저술하다

1980년
TV 다큐멘터리 시리즈인
『코스모스』 제작에 참여하고,
책을 공동 저술하다

1982년
72명의 동료 과학자들과 함께
SETI(외계 지적생명체 탐사)
연구소 설립을 옹호하는 글을
《사이언스》지에 게재하다

1984년
SETI 연구소가 설립되고, 이사가
되다

1985년
1997년에 영화로 제작된
『콘택트』를 저술하다

1990년
미국 물리교사협회의 외르스테드
메달을 수상하다

1994년
미국 국립과학원의 공공복지
메달을 수상하다

1995년
『창백한 푸른 점: 우주에서의
인류의 미래에 대한 통찰』을
저술하다

1996년
『악령이 출몰하는 세상: 어둠 속의
등불과도 같은 과학』을 저술하다

1996년 12월 20일
시애틀에서 사망

1997년
『에필로그: 칼 세이건이 인류에게
남긴 마지막 메시지』가 사후에
출간되다

칼 세이건

천문학자, 천체물리학자, 우주철학자이자 왕성한 작가였던 칼 세이건은 불쾌감이나 유감을 표시하는 동료들이 있었음에도 자신이 좋아했던 것을 당당하게 대중화했으며, 높은 대중적 평가를 누렸다. 자신의 기억에 의하면 칼 세이건은 5세 때 이미 별에 마음을 빼앗겼으며, 우주에 대한 경외심과 과학적 방법의 엄격성을 확고하게 지키는 나름의 원칙을 세웠다. 즉 항상 마음을 열어두되 마음속에 떠오른 생각은 끊임없이 검증한다는 것이다. 그래서 그는 그릇된 과학과 엉터리 같은 주장을 골라내는 데 도움이 되는 '엉터리 탐지장치'라는 논리적인 검증도구를 고안했으며, 항상 이 도구를 사용하기를 권했다.

세이건은 적극적으로 대중매체를 끌어안았다. 1980년대에 당시 우리가 알고 있던 우주의 실상을 설명하는 TV 다큐멘터리 시리즈 제작에 참여하여 전세계적으로 선풍적인 인기를 누렸으며, 일반 대중들을 위한 20권이 넘는 책을 저술했다. 동시에 그는 주로 뉴욕주에 있는 코넬대학을 중심으로 자연과학 분야의 학자로서의 경력도 함께 유지했다. 그가 활동을 개시할 시점에 미항공우주국(NASA)의 우주 계획이 시작된 것도 그에겐 행운이었다. 그는 박사과정의 학생신분이었던 1950년대부터 계속 NASA 우주 계획의 조언자로 활동했으며, 아폴로 우주비행사들을 교육하고 무인 우주탐사선에서 수행할 실험들을 설계했다. 또한 천문학자로서 목성과 금성의 표면 온도, 화성의 계절적 변화, 타이탄(토성의 위성)과 에우로파(목성의 위성)의 물의 존재 가능성에 대한 이론을 제시했으며, 이는 대부분 사실로 밝혀졌다. 그리고 그는 누구보다도 먼저 기후변화가 몰고올 위험성을 경고했으며, 동서 냉전시대였던 당시 전쟁이 일어날 경우 핵겨울이라는 대참사가 벌어질 것이라고 경고했다.

아마도 세이건은 우주생물학 분야와 외계 생명체의 탐색에 대한 선구적인 업적으로 가장 유명할 것이다. 그는 전파망원경을 이용하여 외계 생명체가 보내는 신호를 탐지하기를 적극 권했으며, 인간의 모습과 태양계 등을 그림으로 새긴 금속판을 도안하여 우주탐사선인 '파이어니어'와 '보이저'에 탑재했다. 또한 세이건은 자신이 세운 원칙대로, UFO 목격사례와 외계인에 의한 납치와 같은 확인되지 않은 모든 이야기들에 엄격한 검증법을 적용하여 검증했다. 그리고 외계의 지적 생명체가 지구를 방문했을 가능성은 매우 낮지만, 지구 밖 어딘가에 지적생명체가 존재할 가능성을 배제할 수는 없다는 결론을 내렸다.

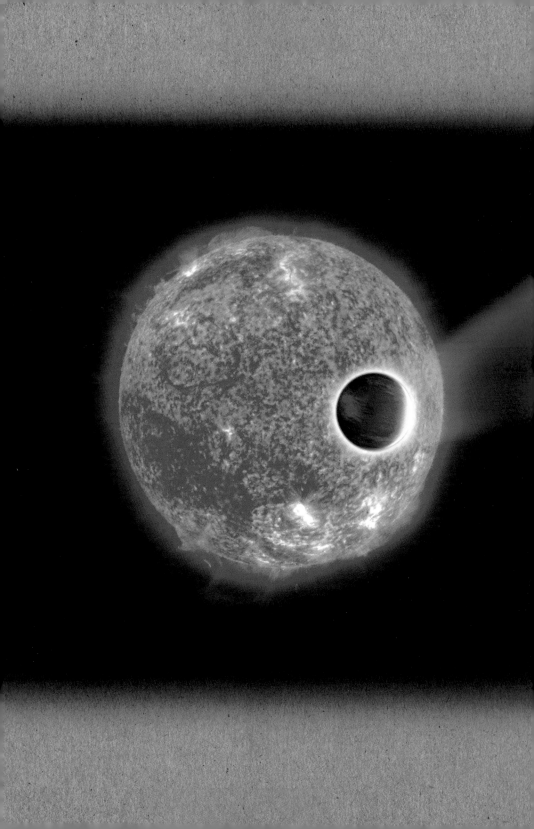

외계 행성들

EXOPLANETS

30초 저자
프랑수아 프레신

3초 인물 소개
조르다노 브루노
1548~1600
생명체가 존재하는 행성
이 지구 이외에도 많다고
주장하여 로마 종교재판
소에 의해 화형을 당한 이
탈리아의 천문학자.

미셸 마이어,
1942~
디디에 쿠엘로즈
1966~
외계 행성 탐색의 선구자
인 스위스의 천체물리학
자들.

인류는 오랫동안 태양이 아닌 다른 별 주위를 공전하는 행성들이 존재할 것이라고 상상해왔지만, 그런 행성들이 확인된 것은 20세기 말에 이르러서였다. 1995년 스위스의 천체물리학자인 미셸 마이어와 그의 제자인 디디에 쿠엘로즈는 중력적 섭동 현상을 통해 51페가시라는 별 주위를 공전하는 목성 크기의 행성을 발견했다. 그 이후로 수천 개의 외계 행성들이 천문학자들에 의해 추가로 발견되었다.

외계 행성들은 그 형태가 아주 다양하다. 관측에 사용되는 망원경의 기술적 한계가 외계 행성의 발견에 제약이 될 뿐이다. 쌍성 주위를 공전하는 외계 행성들도 있고, 어떤 별에도 속박되지 않은 채 우주공간을 자유롭게 떠도는 행성들도 있다. 아주 뜨거워서 표면이 녹아 있는 행성들, 지구 질량의 수십 배에 달하는 암석 핵을 가진 거대한 행성들, 흑색 페인트보다도 더 어두운 행성들, 표면 전체가 완전히 바다로 뒤덮여 있을 것으로 추정되는 행성들도 있다. 이 행성들 중 지구와 아주 유사한 외계 행성들을 찾는 과정에서 새로운 연구분야가 생겨났다. 천체물리학, 지구물리학, 생물학이 결합된 연구분야가 그것으로서, 외계 행성의 환경이 생명체의 발현과 거주에 적합한지를 평가 분석한다.

3초 폭발
외계 행성들은 태양계 밖에 존재하는 행성들을 말한다. 외계 행성들이 발견됨으로써, 우주 내의 다른 생명체를 찾는 노력이 활발하게 이루어지고 있다.

3분 궤도
'다른 지구들'을 찾는 일은 아주 어렵다. 지구에서 발사된 우주탐사선도 태양계 가장자리에 이르면 지구를 더 이상 볼 수가 없다. 하지만 천문학자들은 행성이 별의 운동에 미치는 중력적 영향을 조사하거나, 행성이 거대한 별 앞을 지나가며 별의 극히 작은 부분을 가릴 때 나타나는 일시적인 별빛의 감소 현상을 탐지하여 외계 행성의 존재를 발견하고 있다.

*51페가시는
최초로 외계 행성이 확인된 별이며,
이 외계 행성은 목성만큼 크며 공전주기가
단 4일에 불과하다.*

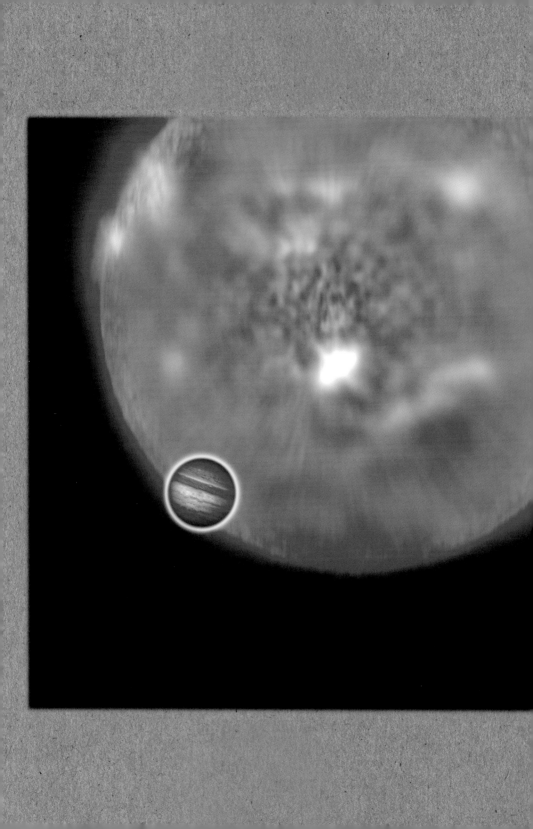

뜨거운 목성들

HOT JUPITERS

30초 저자
자코리 베르타

3초 인물 소개
티모시 브라운
1950~
데이비드 차보나우와 함께 HD 209458b(뜨거운 목성)의 통과 현상을 최초로 발견하고 대기를 측정한 미국의 천문학자.

데이비드 차보나우
1974~
캐나다계 미국인 천문학자.

외부 태양계에 있는 목성을 안쪽으로 계속 끌고 들어와서, 수성을 지나 태양의 표면에서 아주 가까운 곳에 위치시킨다고 상상해보자. 태양에서 이처럼 아주 가까운 곳에 있게 되면, 이 거대행성은 태양 주위를 불과 수일 만에 극히 빠른 속도로 공전하게 될 것이다. 태양의 강력한 중력이 이 행성을 계속 압박하고 끌어당기기 때문에, 결국에는 이 행성의 공전주기와 자전주기가 같아져서 한쪽 면은 항상 태양을 향할 것이고, 다른 쪽 면은 항상 어둠 속에 남아 있게 될 것이다. 불타는 태양으로부터 믿기 힘들 정도의 엄청난 에너지가 쏟아져 나와 이 행성의 대기를 1,000℃ 정도로 가열할 것이며, 이 에너지를 어둠 속에 잠겨 있는 행성의 뒷면으로 이동시키는 강력한 바람이 발생할 것이다. 우리 태양계 내에는 이런 류의 행성이 없다. 천문학자들은 태양계 밖에도 이런 유의 행성이 절대 존재할 수 없다고 오랫동안 믿어왔다.

하지만 태양이 아닌 다른 별 주위에서 이처럼 뜨거운 목성과 같은 행성이 발견되었다. HD 209458b라는 부드러운 이름이 붙여진 외계 행성이 바로 그것이다. 이 행성은 뜨거운 중심별 앞을 지나가는 '통과 현상(트랜싯)'에 의해 발견된 최초의 외계 행성이다. 통과 현상은 외계 행성의 존재를 확인시켜 줄 뿐아니라, 통과 현상이 지속되는 동안의 별빛의 감소량을 측정함으로써 외계 행성의 크기를 알아낼 수 있는 기회를 제공한다.

3초 폭발
최초로 발견된 외계 행성들 중에는 태양계 내의 가장 큰 행성만큼 크고 가장 뜨거운 행성보다 더 뜨거운 지옥 같은 환경을 가진 행성들이 있다.

3분 궤도
외계 행성의 통과 현상이 일어나는 경우, 단순히 그 행성의 크기만 측정할 수 있는 것은 아니다. 즉 행성의 대기도 조사할 수 있다. 별빛의 일부분이 행성의 대기를 통과하여 지구에 도달하기 때문에, 대기 분자의 구성과 구조가 별빛의 스펙트럼에 독특한 특징을 남긴다. 거대한 망원경을 통해 이 스펙트럼 상의 특징을 관측함으로써, 직접 방문하지 않고도 아주 멀리 있는 행성의 대기에 대한 정보를 알 수 있다.

옆 그림은 중심별에 대비하여 뜨거운 목성의 상대적인 크기와 거리를 나타낸 것이다.

슈퍼지구와 해양 행성들

SUPER-EARTHS & OCEAN PLANETS

3초 인물 소개
사라 시거
1971~
슈퍼지구 행성에 대한 연구를 이끈 캐나다계 미국인 천문학자.

태양계 내에는 크기가 지구와 해왕성 사이에 해당하는 행성이 없다. 그러나 행성이 중심별의 별빛을 가리는 정도를 측정하는 방법으로 행성의 크기를 계산한 바에 따르면, 우리 은하에는 크기가 지구와 해왕성 사이의 범위에 있는 행성들이 무수히 많은 것으로 추정된다. 천문학자들은 이러한 크기의 행성들을 '슈퍼지구'라고 부른다.

슈퍼지구는 크기 때문에 붙여진 이름이지만, 이들 중에는 지구와는 닮은 점이 없는 행성들이 많다. 예를 들면 케플러 10b라는 외계 행성은 밀도가 지구보다 훨씬 높아서 행성 내의 암석과 철이 완전히 녹은 액체상태로 존재할 것으로 추정되고 있다. 이와 반대로, GJ 1214b라는 외계 행성은 밀도가 지구보다 훨씬 낮기 때문에, 수증기와 여러 종류의 기체가 뒤섞여 있는 해양 행성일 가능성이 높다. 케플러 10b와 GJ 1214b는 둘 다 중심별에 가까워서 아주 뜨겁다. 하지만 중심별에서 떨어져 있는 슈퍼지구들은 지구처럼 암석 지각이나 수소기체의 대기, 또는 이동하는 맨틀을 갖고 있을 수도 있고, 깊이가 수백 킬로미터인 바다가 지표를 뒤덮고 있을 수도 있다. 현재 천문학자들이 슈퍼지구들의 질량, 크기와 대기에 대해 연구를 하고 있기 때문에, 머지않아 이러한 외계 행성들의 형성과 진화 과정에 대해 많은 사실이 밝혀질 것이다.

30초 저자
자코리 베르타

3초 폭발
지구보다 약간 큰 외계 행성들은 그 구조가 아주 다양할 것이다. 천문학자들은 이 새로운 세계의 미스터리를 밝혀내기 위해 열심히 노력하고 있다.

3분 궤도
탄생 초기에 크게 성장한 슈퍼지구는 급속 중력수축 과정(원시 행성 원반으로부터 엄청난 양의 가스를 빠른 속도로 끌어모으는 과정)을 거쳤을 것이다. 이처럼 두꺼운 가스층을 가진 행성에서는 생명체가 발현되기가 어렵다. 외계 행성의 크기와, 생명체에 호의적인 환경의 존재 여부에 대한 분석이 외계 행성 연구분야에서 활발하게 이루어지고 있다.

최근에 발견된 슈퍼지구들에 대해
현재 우리가 알고 있는 것은 크기가 전부다.
이 행성들은 지구보다는 크고
목성이나 해왕성보다는 훨씬 작다.

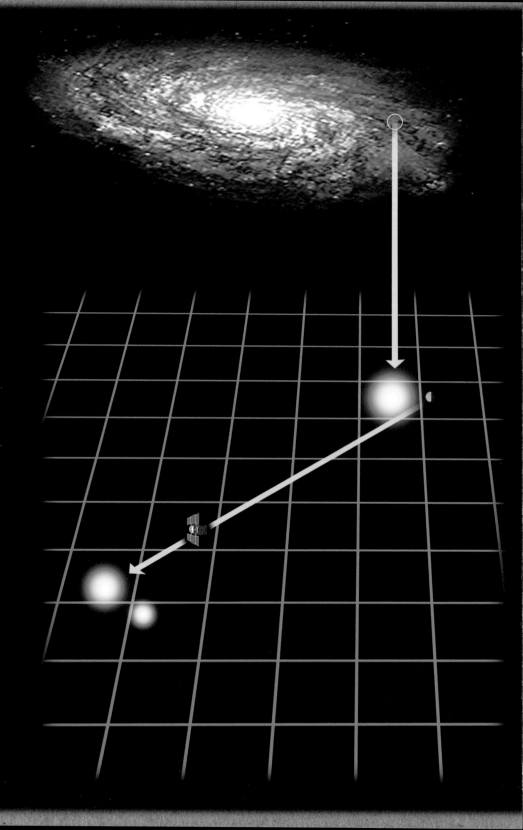

또 다른 지구를 찾아서

TOWARD ANOTHER EARTH

3초 인물 소개
베르나르 리오
1897~1952
태양의 코로나를 관측할 수 있는 코로나그래프를 발명한 프랑스의 천문학자.

제프리 마시
1954~
외계 행성 발견에 선구적인 역할을 한 미국의 천문학자.

30초 저자
프랑수아 프레신

최근의 기술발전에 힘입어 천문학자들은 태양계 밖에 존재하는 지구 크기의 행성들을 확인할 수 있게 되었지만, 아직은 이런 유의 행성들이 얼마나 많은지, 또 그중에서 생명체가 살고 있는 행성들은 어느 정도 되는지는 알지 못한다. 이 행성들은 자신보다 100만 배나 큰 불덩어리 주위를 공전하는 아주 작은 암석 덩어리일 뿐 아니라 지구에서 아주 멀리 떨어져 있어서, 망원경으로 촬영한 이미지에서는 별과 행성이 서로 구분되지 않는 한 점의 불빛으로만 나타난다.

이처럼 멀고 희미한 천체를 관측하는 기술에는 2가지가 있다. 역학적 기술은 행성의 중력 때문에 별의 운동에 생기는 변화를 관측하거나, 행성이 공전 과정에서 별의 일부를 가릴 때 나타나는 별빛의 변화를 관측하여 행성의 궤도운동을 측정하는 것이다. 직접촬영 기술은 행성이 별빛을 가리는 순간을 촬영하여 행성의 환경을 분석하는 것이다. 망원경을 통해 충분한 양의 빛이 모아지면 행성의 대기의 특성을 분석할 수 있고, 지구 대기와의 유사성을 연구할 수 있다. 21세기에는 이러한 행성들을 관측하여 또 다른 지구들의 지도를 만들고, 이 행성들 중에서 계절의 변화와 생명의 직접적인 징후도 찾을 수 있을 것으로 기대하고 있다.

3초 폭발
천문학자들은 이제 다른 별 주위에 존재하는 지구 크기의 행성을 찾는 기술을 갖고 있으며, 목표는 지구와 유사한 환경의 행성을 찾는 것이다.

3분 궤도
태양에서 가장 가까이 있는 별은 켄타우루스 자리의 삼중성인 알파 켄타우리인데, 2020년까지는 이 별에 또 다른 지구가 존재한다는 사실이 밝혀질 것이다. 아마도 다음 단계로 고해상의 사진을 얻기 위해 우주탐사선을 보내게 될 것이다. 우주탐사선이 알파 켄타우리에 도달하기까지는 여러 세대가 걸릴 것이고, 이 기간 동안 전 세계의 과학자들이 이 도전적인 탐사 계획에 참여하게 될 것이다. 이러한 공동탐사와 탐사 결과의 공유를 통해 인류는 경험적 지식을 더욱 발전시켜 나갈 수 있다.

켄타우루스 자리의 가장 밝은 별인 알파 켄타우리A는 우리 태양과 동일한 형태의 별이다. 그래서 이 별에 생명체가 살고 있는 행성이 존재한다는 생각을 불러일으키고 있다.

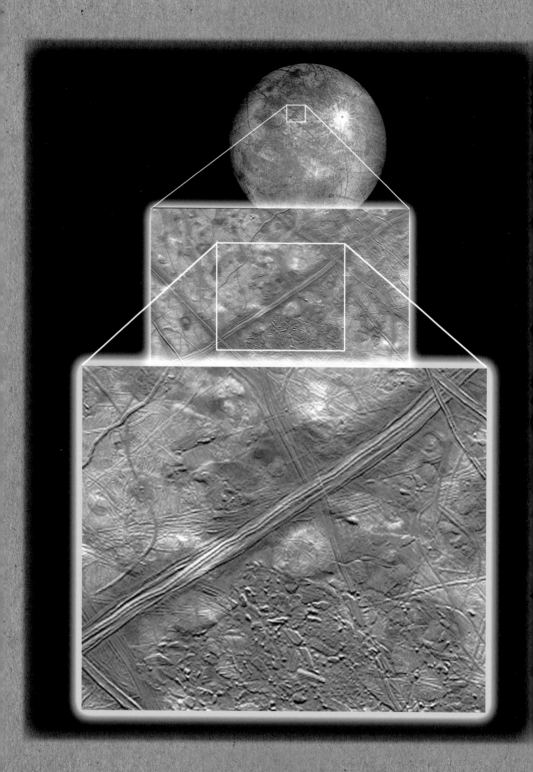

외계 생명체의 증거

EVIDENCE FOR OTHER LIFE

30초 저자

프랑수아 프레신

3초 인물 소개

칼 세이건

1934~1996

금성의 온실효과를 예측한 미국의 천문학자, 천체물리학자이자 작가.
(143쪽 참조)

19세기 말 미국의 아마추어 천문관측가가 화성에서 곧게 뻗은 '운하'를 발견했다고 주장한 일이 있었는데, 이 일은 다른 행성에 거주하는 외계 생명체에 대한 탐사에 불을 지폈다. 화성의 운하는 후일 관측장비 때문에 생긴 광학적 착시였다는 사실이 밝혀졌다. 1970년대에 우주탐사선인 바이킹호가 화성 표면에 착륙하여 여러 가지 생물학적 실험을 시행했지만, 생명체와 관련된 어떤 흔적도 확인되지 않았다. 그 이후로 지구 상공에서 미확인 비행물체(UFO)를 보았다는 주장이 수없이 제기되었지만, 제시된 '비행접시'의 사진 중 선명한 것은 큐리오시티 탐사선이 보낸 사진이 유일하다. 큐리오시티는 NASA가 화성의 생명체 거주 가능성과 거주 흔적을 연구하기 위해 화성에 보낸 우주탐사선이다.

천문학자들은 화성이 아닌 태양계 내의 다른 천체, 가령 목성의 위성인 에우로파와 같은 천체에 대해서도 생명체의 존재 여부를 조사하고 있다. 그러나 눈으로 볼 수 있는 크기의 생명체는 먼 별 주위를 공전하는 '지구형 행성'들에서 발견될 가능성이 가장 크다. 천문학자들은 산소나 메탄처럼 살아 있는 유기체에 의해 생성된 분자들을 찾기 위해 지구형 행성의 대기 구성을 열심히 조사하고 있다.

3초 폭발

천체생물학은 지구 밖의 생명체가 존재하는 천체, 그 천체의 환경, 그리고 생명체 탐지방법을 조사 연구한다.

3분 궤도

외계의 지적생명체 탐색은 고도의 외계 문명을 직접 찾거나 그들이 우리를 발견하게 하는 방법으로 이루어지고 있다. 우선, 거대한 전파망원경으로 외계 문명의 흔적, 즉 원격 신호를 확인하고 있지만, 아직 그런 신호는 포착되지 않고 있다. 두 번째 방법에서는 어떤 형태로 흔적을 남겨야 외계 문명이 탐지할 수 있는지, 그들이 이해할 수 있는 '언어'는 무엇인지가 문제다.

목성의 위성인 에우로파의 표면에서 얼음 균열들이 보인다. 이는 표면 아래에 생명의 필수조건인 바다가 있음을 암시한다.

부록

참고자료

참고도서

DK Illustrated Encyclopedia of the Universe, ed., Martin Rees (Dorling Kindersley, 2011)

Exoplanets, Sara Seager (University of Arizona Press, 2010)

Exploring the X-Ray Universe, Frederick D. Seward & Philip A. Charles (Cambridge University Press, 2010)

Firefly Encyclopedia of Astronomy, Paul Murdin (Firefly, 2004)

An Introduction to Modern Astrophysics, Bradley W. Carroll & Dale A. Ostlie (Pearson, 2006)

Mapping the Universe, Paul Murdin (Carlton Publishing, 2012)

Mirror Earth: The Search for Our Planet's Twin, Michael D. Lemonick (Walker Books, 2012)

Oxford Dictionary of Astronomy, ed., Ian Ridpath (Oxford University Press, 2012)

Planetary Sciences, Imke de Pater & Jack Lissauer (Cambridge University Press, 2001)

Secrets of the Universe, Paul Murdin (University of Chicago Press, 2009)

Space: From Earth to the Edge of the Universe, Carole Stott, Robert Dinwiddie & Giles Sparrow (Dorling Kindersley, 2010)

Strange New Worlds: The Search for Alien, Planets and Life Beyond Our Solar System, Ray Jayawardhana (Princeton University Press, 2011)

Universe, Roger A. Freedman & William J. Kaufmann (W. H Freeman, 2010)

Universe: The Definitive Visual Guide, Carole Stott & Martin Rees (Dorling Kindersley, 2012)

Unveiling the Edge of Time: Black Holes, White Holes, Wormholes, John Gribbin (Crown Publications, 1994)

웹사이트

http://www.nasa.gov
미항공우주국(NASA)은 비군사적 우주 계획, 항공술, 우주항공과학 연구를 맡고 있는 미국 국가기관이다. NASA는 지구관측시스템, 거대관측소, 온실가스 관측위성을 통해 얻은 자료들을 다른 국가기관, 국제기구들과 공유하고 있다.

http://apod.nasa.gov/apod
천문학, 우주과학과 관련된 새로운 영상을 매일 올리는 '오늘의 천문 사진'이라는 NASA의 웹사이트. 사진에는 천문학자의 간단한 설명이 붙어 있다.

http://kepler.nasa.gov
NASA의 케플러 계획 웹사이트. 우주관측소의 임무는 생명체가 거주할 수 있는 행성을 찾는 것이다.

http://www.esa.int
유럽우주연구소(ESA)의 웹사이트. ESA는 다자간 정부기구로서 현재 19개국이 회원국으로 참여하고 있다. 이 연구소는 국제우주정거장 프로그램에 참여하고 있고, 프랑스령 기아나에 우주기지를 갖고 있으며, 발사용 로켓 설계에도 관여하고 있다.

http://www.russianspaceweb.com
러시아의 연방우주연구소(통상 로스코스모스(Roscosmos)로 불린다)는 러시아의 우주과학 프로그램과 항공우주 연구를 책임지고 있는 정부기구이다. 이 웹사이트는 영어를 사용하고 있다.

집필진 소개

프랑수아 프레신 태양계 밖에 있는 지구 크기의 행성을 최초로 발견한 천문학자이다. 프랑스 릴에서 출생했으며, 이곳에서 공학석사 학위를 취득한 후 파리대학에서 천문학 석사 및 박사학위를 취득했다. 현재 매사추세츠주 케임브리지에 있는 하버드스미소니언 천체물리센터 연구원으로 일하고 있으며, NASA의 케플러 계획에도 참여하고 있다. 또한 외계 행성의 빈도, 주성(중심별)과의 연관성에 대한 통계적 연구를 이끌고 있으며, 천문 관측 장소로 남극대륙 돔C 지점의 타당성을 조사 및 연구하는 ASTEP 프로젝트를 만드는 데 참여했다. NASA의 케플러 우주망원경을 이용하여 지금까지 알려진 가장 작은 외계 행성의 대다수를 발견하는 데 기여했고, 특히 2011년 12월에는 태양계 밖에 있는 지구 크기의 행성 2개를 최초로 발견했다.

마틴 리스 트리니티대학의 특별원구원이며, 케임브리지대학의 우주론 및 천체물리학 명예교수이다. 왕립천문대장이라는 영예로운 지위를 누리고 있으며, 영국과학진흥협회 회장(1994~1995)과 왕립천문학회 의장 (1992~1994)을 역임했고, 10년 동안 케임브리지대학 천문연구소장과 트리니티대학 교수로서 재직했다. 2005년에 영국 상원에 임명되었고, 2005년에서 2010년 동안에는 왕립학회 의장을 역임했다. 현재 미국과학한림원, 미국예술과학아카데미, 미국철학학회의 외국인 준회원이며, 러시아 과학아카데미와 교황청학술원을 비롯한 여러 외국 학술원의 명예회원이다. 그리고 프린스턴 고등연구소와 케임브리지 케이츠장학재단의 이사를 맡고 있으며 교육, 우주연구, 무기통제, 과학분야 국제협력과 관련된 많은 단체에서 일하고 있다.

다렌 바스킬 영국 브라이튼 소재 서식스대학의 천체물리학자이며, 물리학과 천문학을 일반인에게 널리 알리는 프로그램을 관리하고 있다. 또한 런던 그리니치에 있는 왕립관측소의 프리랜서 천문학자로 활동하고 있으며, 플라네타륨(천문관)과 천체사진학 과정의 운영을 맡고 있다.

자코리 베르타 태양 이외의 별 주위를 공전

하는 외계 행성 연구가. 새로운 외계 행성 탐색과 외계 행성의 대기 관측에 열심히 참여하고 있으며, '은하에 외계 생명체가 살고 있는가?'라는 오랜 의문을 푸는 데 주력하고 있다. 자코리 베르타는 매사추세츠주 케임브리지에 있는 하버드스미소니언센터의 천문학과 대학원 학생이다.

캐롤린 크로포드 그레셤대학 천문학과 교수이고, 케임브리지 소재 엠마누엘대학의 특별연구원이자 교수이다. 그녀는 은하단의 중심에 위치한 가장 거대한 은하에 대해 연구해왔다. 케임브리지에 있는 천문학연구소에서 일반인 대상의 홍보 프로그램을 운영하고 있으며, 다양한 계층의 대중을 대상으로 수백 번에 걸쳐 강연을 해왔다. 이처럼 과학의 대중화에 기여한 공로로 2009년 UKRC(영국 여성과학자지원센터)의 상을 수상했다.

앤디 파비안 영국 왕립학회 회원이며 케임브리지대학 천문연구소의 연구교수이다. 은하단, 블랙홀과 이들의 상호관계를 연구하는 X선 천문학 그룹을 이끌고 있다. 2008~2010

년 간 왕립천문학회 의장을 역임했고, 왕립학회의 회원이다. 그의 연구는 호주 우메라의 오지에서 발사된 로켓을 이용하여 하늘의 X선을 관측하는 것부터 찬드라 X선 관측소에서 수주 일에 걸쳐 페르세우스 은하단의 지도를 작성하는 것까지 다양하다. 그는 미일 합작의 X선 관측위성인 Astro-H의 관측 자료를 연구할 예정이다.

폴 머딘 영국 케임브리지대학 천문연구소에서 초신성, 블랙홀, 중성자별을 연구하는 천문학자. 그전에는 영국 국립우주센터와 영국 정부의 천문학 지원기구에서 중요한 역할을 담당했다. 머딘 박사는 부업으로 천문학 분야의 방송인, 해설자, 강연가, 작가로도 활약하고 있다. 국제적인 천문학 연구업적과 과학의 대중화에 기여한 공로로 영국 여왕으로부터 대영제국 훈장을 수여받는 영예를 누렸다.

도판자료 제공에 대한 감사의 글

본 출판사는 각종 도판자료를 이 책에서 사용할 수 있도록 허락해준 다음 기관들에게 감사드린다. 감사의 말씀을 전하지 못하는 실례를 범하지 않기 위해 주의를 다하였으나, 혹여 본의 아니게 누락된 기관이 있다면 사과의 말씀과 아울러 용서를 구한다.

- 본문에 사용한 도판자료의 대부분은 ESA(유럽우주기구)와 NASA(nasaimages.org의 NASA/courtesy)에서 제공해주었다.

- 그 외 도판자료의 출처는 다음과 같다.
Corbis/Battmann: 100쪽.
Colin McPherson: 68쪽.
Fotolia: 28쪽.
Getty Images/Evelyn Hofer/Time Life Pictures: 142쪽.
Science Photo Library: 32쪽, 82쪽.

찾아보기

**개념 잡는 비주얼
천문학책**

1판 1쇄 펴냄 2015년 8월 5일
1판 2쇄 펴냄 2018년 1월 25일

지은이 프랑수아 프레신 외
옮긴이 전영택

주간 김현숙 | **편집** 변효현, 김주희
디자인 이현정, 전미혜
영업 백국현, 도진호 | **관리** 김옥연

펴낸곳 궁리출판 | **펴낸이** 이갑수

등록 1999년 3월 29일 제300-2004-162호
주소 10881 경기도 파주시 회동길 325-12
전화 031-955-9818 | **팩스** 031-955-9848
홈페이지 www.kungree.com | **전자우편** kungree@kungree.com
페이스북 /kungreepress | **트위터** @kungreepress

ⓒ 궁리, 2015.

ISBN 978-89-5820-326-1 03440
ISBN 978-89-5820-299-8 03400(세트)

값 13,000원

ASTRONOMY